普通高等教育"十一五"国家级规划教材配套用书

大学计算机基础实验教程

（第12版）

DAXUE JISUANJI JICHU SHIYAN JIAOCHENG

（Windows 10 + WPS Office 2019）

主编 柴 欣 唐丽芳 等

中国铁道出版社有限公司
CHINA RAILWAY PUBLISHING HOUSE CO., LTD.

内 容 简 介

本书是与《大学计算机基础教程（第12版）》（柴欣、齐翠巧等主编，中国铁道出版社有限公司出版）一书配套使用的实验教材，是编者多年教学实践经验的总结。全书共分6章，包括上机实验预备知识、Windows 10操作系统实验、WPS文字处理实验、WPS电子表格处理实验、WPS演示文稿制作实验、因特网技术与应用实验。另外，第3~5章增加了相关知识点微课，读者可扫描二维码观看相关视频，直观地学习与巩固相关知识点与操作方法。

本书适合作为高等院校"计算机基础"课程的配套教材，也可以作为专科和成人教育的培训教材，以及初学者的辅导用书。

图书在版编目（CIP）数据

大学计算机基础实验教程/柴欣等主编 . —12 版 . —北京：中国铁道出版社有限公司，2022.8（2023.8重印）

普通高等教育"十一五"国家级规划教材配套用书

ISBN 978-7-113-29490-8

Ⅰ . ①大… Ⅱ . ①柴… Ⅲ . ①电子计算机-高等学校-教材 Ⅳ . ①TP3

中国版本图书馆 CIP 数据核字（2022）第 137329 号

书　　名：**大学计算机基础实验教程**

作　　者：柴　欣　唐丽芳　等

策　　划：魏　娜　　　　　　　　　　　编辑部电话：（010）63549508

责任编辑：陆慧萍

封面设计：付　巍

封面制作：刘　颖

责任校对：安海燕

责任印制：樊启鹏

出版发行：中国铁道出版社有限公司（100054，北京市西城区右安门西街 8 号）

网　　址：http：//www.tdpress.com/51eds/

印　　刷：三河市航远印刷有限公司

版　　次：2006 年 8 月第 1 版　2022 年 8 月第 12 版　2023 年 8 月第 2 次印刷

开　　本：880 mm×1 230 mm 1/16　印张：9.5　字数：295 千

书　　号：ISBN 978-7-113-29490-8

定　　价：32.00 元

前言

计算机基础课程具有自身的特点,它有着极强的实践性。而学习计算机很重要的一点就是实践,通过实际上机演练,加深对计算机基础知识、基本操作的理解和掌握,因此,上机实践是学习计算机基础课程的重要环节。为此,我们编写了《大学计算机基础实验教程(第 12 版)》。本书是普通高等教育"十一五"国家级规划教材《大学计算机基础教程(第 12 版)》(柴欣、齐翠巧等主编,中国铁道出版社有限公司出版,以下简称主教材)一书的配套实验教材,同时也可与其他计算机基础教科书配合使用。

本书共 6 章,其中第 1 章是上机实验预备知识,帮助学生尽快熟悉计算机的基本使用,掌握网络浏览和电子邮件的基本使用方法。这样有利于学生浏览、下载教学资源并通过网络提交作业。从第 2 章开始,与主教材内容相对应,依次安排了 Windows 10 操作系统实验、WPS 文字处理实验、WPS 表格处理实验、WPS 演示文稿制作实验、因特网技术与应用实验等内容。

编者在再版编写过程中,根据计算机的发展状况及对学生的新的要求,对全书的体系结构进行了重新梳理,对软件版本进行了升级,对实验内容进行了精心调试。为了方便教师有计划、有目的地安排学生上机操作,同时为引导初学者顺利地掌握计算机基本操作,在实验示例中均给出了详细的操作步骤,并对规律性或常规性的操作进行了归纳,使读者不仅掌握基本操作,还能触类旁通,举一反三。

为了帮助学生更好地进行上机操作练习,编者还配合本套教材开发了计算机上机练习系统软件,学生上机时可以选择操作模块进行操作练习,操作结束后可以由系统给出分数评判。这样可以使学生在学习、练习、自测及综合测试等各个环节都可以进行有目的的学习,进而达到课程的要求。教师也可以利用测试系统对各个单元的教学效果进行方便的检查,随时了解教学情况,进行针对性的教学。第 3~5 章增加了相关知识点微课,读者可扫描二维码观看相关视频。

本书由柴欣、唐丽芳等任主编,武现军、宋占军、张继山等任副主编。全书由柴欣总体策划与统稿、定稿,书中二维码对应的微视频由齐翠巧、韩建英、宋炳章、张孟辉、韩铭昊主讲制作。

在本书编写过程中,参考了大量文献资料,在此向这些文献资料的作者深表感谢。由于时间仓促,编者水平所限,书中难免存在不当和欠妥之处,敬请各位专家、读者不吝批评指正。

编 者
2022 年 6 月

目录

第1章 上机实验预备知识

本章的目的是使学生初步了解计算机的使用,利用网络获取课程学习的必要资料并学习将自己的作业上传给教师的方法。主要内容包括:计算机初步使用;访问网页并下载资料的基本方法;如何申请邮箱并利用电子邮件发送作业,以及如何压缩各种文件。

实验 1-1　认识 Windows 10 环境

一、实验目的

(1)掌握 Windows 10 的启动与退出方法。

(2)熟悉并掌握键盘的使用方法。

(3)熟悉并掌握鼠标的使用方法。

(4)了解 Windows 10 的桌面。

二、实验示例

【例 1.1】正常启动 Windows 10,并进行与启动有关的操作。

(1)启动 Windows 10。

(2)与开机和登录有关的操作。

【解】具体操作步骤如下:

(1)启动 Windows 10。

①开启计算机电源。

②Windows 10 被装载入计算机内存,并开始检测、控制和管理计算机的各种设备,即进行系统启动。启动成功后,进入 Windows 10 的工作界面,如图 1-1 所示。

图 1-1　Windows 10 的工作界面

(2)与开机和登录有关的操作。

在桌面中按下【Alt + F4】组合键,打开如图 1-2 所示的"关闭 Windows"对话框,单击右侧的下拉按钮,在下拉菜单中列有若干与开机和登录有关的项目。

图 1-2　"关闭 Windows"对话框

①选择"重启",系统按正常程序关闭计算机,然后重新启动计算机。在计算机出现系统故障或出现死机现象时,可以考虑重新启动计算机。

②选择"睡眠",内存数据将被保存到硬盘上,然后切断除内存以外所有设备的供电,仅保持内存的供电,维持低耗状态。如果下次启动时内存未被断电,系统会从内存中保存的上一次的"状态"继续运行,这样会加快启动速度;如果下次启动时内存已断电,系统也会将硬盘中保存的内存数据载入内存。

③选择"注销",系统清空当前用户的缓存空间和注册表信息,重新进入登录界面,以便其他用户登录系统。

④选择"切换用户",可以允许另一个用户登录计算机,但前一个用户的操作依然被保留在计算机中,一旦计算机又切换回前一个用户,该用户可以继续操作。

【例 1.2】键盘基本操作。使用文字编辑软件(写字板或记事本)输入一定篇幅的文字并保存。

【解】具体操作步骤如下:

(1)单击"开始"按钮,弹出"开始"菜单,选择"Windows 附件"命令,在出现的级联菜单中选择"写字板"(或"记事本"),打开"写字板"窗口(或"记事本"窗口),如图 1-3 所示。此时,可在光标处输入字符。

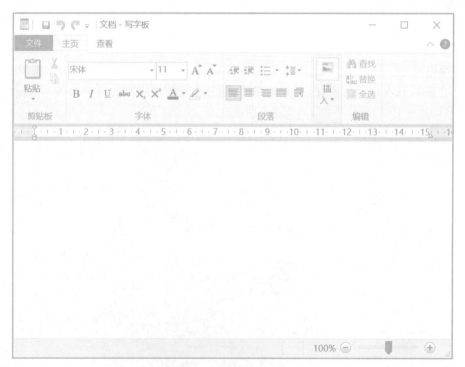

图 1-3　"写字板"窗口

(2)节选一段文字内容进行输入,输入的内容可以是英文符号,也可以是汉字信息。

（3）输入完成后，单击"保存"按钮，在打开的"另存为"对话框中选择磁盘，命名为"输入练习"，然后单击"确定"按钮。

【例 1.3】鼠标的基本操作。

【解】具体操作步骤如下：

（1）鼠标的单击操作。在 Windows 10 的桌面上移动鼠标将指针指向"此电脑"图标，按鼠标左键一次（单击），该图标随即反白显示（即选中了"此电脑"图标），如图 1-4 所示。

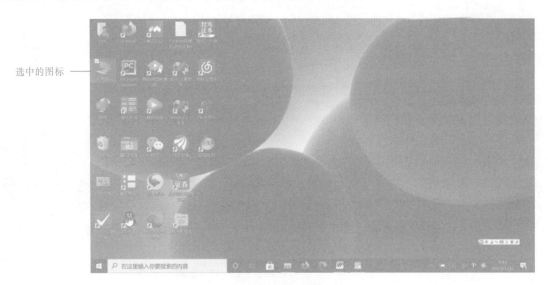

选中的图标

图 1-4　选中的图标

（2）鼠标的双击操作。将鼠标指针指向"此电脑"图标，快速按鼠标左键两次（双击），打开"此电脑"窗口。

（3）鼠标的拖动操作。将鼠标指针指向"此电脑"窗口的标题栏，按住鼠标左键不放，拖动鼠标指针至另一位置，释放鼠标左键，则"此电脑"窗口被移动到指定位置。

【例 1.4】桌面的基本操作。

【解】具体操作步骤如下：

（1）选择桌面上对象的操作。

①选择单个对象。单击桌面上的"此电脑"图标，选中该对象，选中对象以反白显示。

②选择多个连续的对象。在桌面上某一角处按下并拖动鼠标至矩形区域的另一对角，形成一个用虚线围起的矩形区域，释放鼠标左键，区域内的图标被选中，选中对象以反白显示。

③选择多个不连续的对象。选中一个图标，按住【Ctrl】键并用鼠标选中其他图标，选中对象以反白显示。

（2）桌面上图标位置的调整及排序操作。

操作一：

①将鼠标指针指向要调整位置的"回收站"图标。

②按住鼠标左键并拖动到目的地，释放鼠标左键，可见"回收站"图标被重新定位。

操作二：

①右击桌面的空白处，弹出快捷菜单，如图 1-5 所示。

②在该快捷菜单中选择"排序方式"命令，在出现的级联菜单中选择"名称"命令，桌面上的图标按名字重新排列。也可以在级联菜单中选择其他的排序方式，看一下会出现什么结果。

【例 1.5】关闭计算机的操作。

【解】具体操作步骤如下：

（1）在关闭计算机之前，首先要保存正在做的工作。

（2）关闭所有打开的应用程序。

（3）单击 Windows 10 桌面左下角的"开始"按钮，弹出"开始"菜单，在开始菜单的左下角有"电源"按钮，单击该"电源"按钮，弹出如图 1-6 所示的"电源"菜单。

（4）在"电源"菜单中单击"关机"按钮。在桌面中按下【Alt + F4】组合键，打开如图 1-2 所示的"关闭 Windows"对话框，选择其中的"关机"，同样可以关闭计算机。

图 1-5　桌面快捷菜单

图 1-6　"电源"菜单

实验 1-2　学习上网和下载资料

一、实验目的

（1）初步掌握上网的基本操作。

（2）初步掌握网页的浏览操作。

（3）了解从 WWW 网站下载文件的方法。

二、实验示例

【例 1.6】启动浏览器。

在 Windows 早期的版本中都自带有 Internet Explorer（IE）浏览器，自 Windows 10 开始，微软公司推出了 Microsoft Edge 浏览器，目前 Windows 10 自带的浏览器是 Microsoft Edge。不过 Windows 10 在"Windows 附件"中还保留了 Internet Explorer 选项，对于仍然习惯使用 IE 浏览器的用户，在 Windows 10 中还可以继续使用 IE 浏览器。

通常在计算机上，还会安装有第三方的浏览器，这些浏览器使用起来也很方便。目前，使用比较广泛的浏览器除了 Windows 自带的 IE 或 Edge 浏览器外，还有 360 浏览器、傲游浏览器（Maxthon）、火狐浏览器（Firefox）、谷歌浏览器等。这些浏览器无论使用方法还是设置方法都与 IE 浏览器大同小异，所以这里以 IE 浏览器为例，介绍浏览器的使用。

【解】单击"开始"按钮，在"开始"菜单的"Windows 附件"中选择 Internet Explorer，即可启动 IE 浏览器，此时屏幕上会出现如图 1-7 所示的 IE 浏览器窗口。

【例 1.7】浏览主页。

【解】具体操作步骤如下：

（1）在"开始"菜单的"Windows 附件"中选择 Internet Explorer，启动 IE 浏览器。

（2）在地址栏中输入要访问的地址，这里输入中国教育和科研计算机网的网址 http://www.edu.cn/，则链接后的窗口如图 1-8 所示。

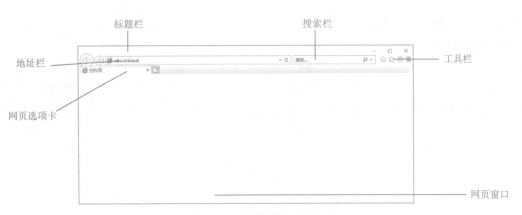

图 1-7　IE 浏览器窗口的组成

图 1-8　中国教育和科研计算机网主页

（3）在图 1-8 中，单击主页中的"教育信息化"链接，就可以打开其相关页面，如图 1-9 所示。

图 1-9　"教育信息化"页面

【例 1.8】访问实验教学资源网站。

【解】具体操作步骤如下：

(1)在"开始"菜单的"Windows 附件"中选择 Internet Explorer，启动 IE 浏览器。

(2)在地址栏中输入要访问的实验教学资源网站地址，这里输入网址 http://w.scse.hebut.edu.cn，则链接到实验教学资源网的首页，如图 1-10 所示。

图 1-10　实验教学资源网首页

通常教学资源网站的页面并不复杂，只是简洁地列出各种教学资源，需要时下载即可。

【例 1.9】下载教学资源。

【解】具体操作步骤如下：

(1)在"开始"菜单的"Windows 附件"中选择 Internet Explorer，启动 IE 浏览器。

(2)在地址栏中输入要访问的教学资源网站地址，这里输入计算机网的网址 http://w.scse.hebut.edu.cn，打开参见图 1-10。

(3)在"大学计算思维"分组下单击"新版练习系统"链接，此时在窗口下方出现如图 1-11 所示的提示框。单击"运行"按钮，即可直接运行对应的安装程序(IT2021.exe)，安装完成后即可使用该教学资源。

(4)也可以单击"保存"按钮旁边的下拉按钮，在弹出的下拉菜单中选择"另存为"命令，打开"另存为"对话框，如图 1-12 所示。在对话框中选择保存的磁盘或文件夹(如 D:\\lx\\chai)，然后单击"保存"按钮，即可将实验教学资源网站中的教学资源(IT2021.exe)下载到本地计算机中。待全部下载工作完成后，就可以在 D 盘的 lx\\chai 文件夹中看到 IT2021.exe 文件，运行该文件即可使用该教学资源。

要运行或保存来自 w.scse.hebut.edu.cn 的 IT2021.exe (38.3 MB) 吗？　　运行(R)　　保存(S)　▼　取消(C)　×

图 1-11　下载提示框

图 1-12　"另存为"对话框

实验 1-3　学习使用电子邮件

一、实验目的

(1)学习申请免费邮箱的操作。

(2)了解在因特网上收发 E-mail 的一般方法。

二、实验示例

【例 1.10】申请免费电子邮箱。

【解】具体操作步骤如下:

(1)启动 IE 浏览器,在地址栏中输入 http://mail.163.com,进入 163 网易免费邮箱登录界面,如图 1-13 所示。

图 1-13　网易免费邮箱登录界面

(2)在图 1-13 所示免费邮箱登录界面中单击"注册网易邮箱"按钮,打开如图 1-14 所示的注册网易免费邮箱界面。

图 1-14　注册网易免费邮箱界面

(3)在图 1-14 所示注册免费邮箱界面中首先单击页面下方的"同意《服务条款》《隐私政策》和《儿童隐私政策》",阅读并同意后,选中同意选择框,然后设置自己的邮箱地址和密码,输入手机号并接收验证码,最后单击"立即注册"按钮,完成注册。

(4)提交注册后,会弹出"邮箱申请成功"页面,表明用户得到一个免费的电子邮箱,此时可使用 Web 方式收发电子邮件。

【例1.11】发送电子邮件。

【解】具体操作步骤如下：

（1）启动IE浏览器，在地址栏中输入http://mail.163.com，进入163网易免费邮箱登录界面，如图1-13所示。

（2）在"邮箱账号或手机"处输入用户注册时的邮箱地址，在"输入密码"处输入用户设置的密码。

（3）如果"邮箱地址"和"密码"无误，单击"登录"按钮后则进入自己的邮箱，界面如图1-15所示。

图1-15 网易邮箱界面

（4）在邮箱主窗口中，单击左侧的"写信"按钮，打开写邮件窗口，如图1-16所示。在"收件人"文本框中输入收件人的E-mail地址。在"主题"文本框中输入邮件的主题，相当于邮件的标题。在邮件正文处输入邮件的内容，邮件完成以后，单击"发送"按钮，立刻发送该邮件。邮件发送成功后，根据提示可以返回到163邮箱主页面，继续进行其他操作。

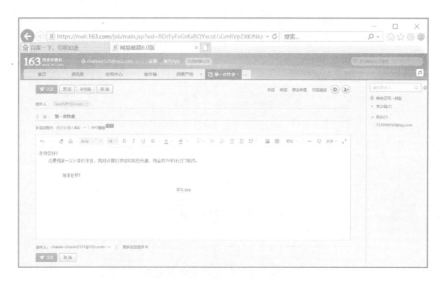

图1-16 写邮件界面

【例1.12】发送带有附件的电子邮件。

在发送邮件时，如果需要将其他的文件，如Word文件、Excel计算表格、压缩文件或影像、图形、声音等多媒体资料作为邮件的一部分寄给其他人，可以在邮件中添加附件。

【解】具体操作步骤如下：

（1）进入邮箱，单击左侧的"写信"按钮，打开写邮件窗口，如图1-16所示。

（2）输入收件人的E-mail地址、邮件的主题，并输入邮件的内容（参见例1.12）。

（3）在图1-16所示的写邮件窗口中单击"添加附件"链接，在打开的对话框中找到需要作为附件发送的文件。本例是发送D:\\lx\\chai文件夹下的"作业1.docx"，如图1-17所示。

（4）如果需要，可以继续添加附件。完成后，单击"发送"按钮，立刻发送该邮件。

图1-17　"添加附件"的示例

【例1.13】将多个文件压缩后作为附件发送。

如果需要发送的文件很多，可以将文件先压缩成一个压缩文件，再作为附件发送出去。为了压缩文件，计算机中必须已经安装了WinRAR或其他压缩软件。

【解】具体操作步骤如下：

（1）在文件夹中选中需要压缩的文件并右击，在弹出的快捷菜单中选择"添加到×××.rar"命令，如图1-18所示。执行命令后，文件夹中会出现压缩好的文件，如图1-19中的music.rar文件。

（2）进入自己的邮箱，单击窗口左侧的"写信"按钮，打开写邮件窗口，如图1-16所示。

（3）在该窗口中输入收件人的E-mail地址、邮件的主题，并输入邮件的内容（参见例1.12）。

（4）在图1-16所示的"写信"窗口中单击"添加附件"按钮，在打开的对话框中，找到需要作为附件发送的文件。本例是发送刚刚压缩好的music.rar文件。

（5）完成后，单击"发送"按钮，立刻发送该邮件。

图1-18　选择"添加到"命令

图 1-19　压缩好的 music.rar 文件

【例 1.14】接收电子邮件。

【解】具体操作步骤如下：

（1）登录自己的邮箱，进入邮箱界面。

（2）检查收件箱，查看是否有未阅读的邮件。如果有粗体字的邮件标题，说明是新的未阅读的邮件，如图 1-20 所示。

（3）如果邮件后面有回形针标记，说明该邮件中有附件。

图 1-20　未阅读过的邮件和带有附件的邮件

（4）单击要阅览的邮件的主题，则打开邮件并显示邮件的内容，如图 1-21 所示。

（5）如果邮件中带有附件，在显示邮件内容的界面中将显示附件的名称（附件的文件名），如图 1-21 中所示的"学习资料.rar"文件。

图 1-21　显示邮件的内容

（6）在邮件下方有附件图标（学习资料. rar），鼠标靠近该图标会弹出下载提示框，单击"下载"按钮，会在下方弹出提示保存的信息框，如图 1-22 所示。

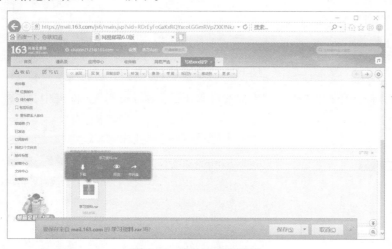

图 1-22　附件下载提示框

（7）单击"保存"按钮旁边的下拉按钮，在弹出的下拉菜单中选择"另存为"命令，打开"另存为"对话框，如图 1-23 所示。选择保存该附件的磁盘和文件夹（这里选择 D:\\lx\\chai 文件夹），单击"保存"按钮，即可将附件下载保存到指定的文件夹中。

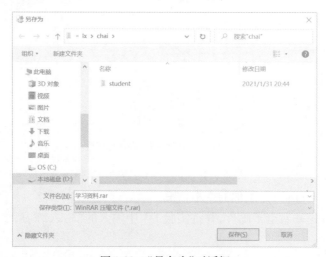

图 1-23　"另存为"对话框

（8）进入 D:\\lx\\chai 文件夹，找到"学习资料.rar"文件，右击该文件，在弹出的快捷菜单中选择"解压到 学习资料\"命令，如图 1-24 所示。

图 1-24　解压缩快捷菜单

（9）执行命令后，将压缩的文件释放到当前文件夹下的"学习资料"文件夹中，如图 1-25 所示。此时，可以对每一个文件进行操作。

图 1-25　释放到文件夹中的文件

三、实验内容

（1）给老师发送一封电子邮件，介绍你的基本情况。

（2）给你的一个同学发送一封电子邮件，并将实验 1-1 中输入的"输入练习.txt"文件作为附件一并发送出去。

第 2 章　Windows 10 操作系统实验

本章的目的是使学生掌握 Windows 10 的基本操作,熟练运用 Windows 10 进行文件管理及运行程序。主要内容包括:Windows 的基本操作、Windows 文件管理、Windows 程序运行、Windows 系统设置及 Windows 的综合练习等。

实验 2-1　文件管理操作

一、实验目的
(1)理解文件、文件名和文件夹的概念。
(2)掌握文件和文件夹的基本操作。
(3)掌握剪贴板和回收站的使用方法。

二、实验示例
【例 2.1】在 Windows 实验素材库中建立了如图 2-1 所示的文件夹结构。从相应网站下载该实验素材文件夹中的 exercise 文件夹到 D 盘根目录下,然后按照要求完成以下操作:

(1)在 D 盘根目录下建立如图 2-2 所示的文件夹结构。

图 2-1　Windows 实验素材文件夹结构　　　图 2-2　自建文件夹结构

(2)将 exercise 文件夹下的所有文件和文件夹复制到 student 文件夹中。

(3)将 exercise 文件夹下的 document 文件夹移动到 student1 文件夹中。

(4)将 voice 文件夹重命名为 sound。

(5)删除 picture 和 tool 文件夹。

(6)恢复被删除的 picture 文件夹,彻底删除 tool 文件夹。

【解】具体操作步骤如下:

(1)在 D 盘根目录下建立如图 2-2 所示的文件夹结构。

①在桌面双击"此电脑",打开"资源管理器"窗口。

②在主窗口中双击 D 盘图标,显示出 D 盘中所有的文件夹和文件。

③在主窗口空白处右击,在弹出的快捷菜单中选择"新建"命令,并在其级联菜单中选择"文件夹"命令,如图 2-3 所示。

④此时窗口中出现"新建文件夹"图标,输入名字 student 并按【Enter】键,这样就在 D 盘建立了一个名为 student 的新文件夹。

⑤双击 student 文件夹,打开 student 文件夹。采用相同的方法在 student 文件夹下建立 student1、student2、student3 文件夹。

⑥双击 student1 文件夹,打开 student1 文件夹。按照同样的方法建立 word 和 excel 文件夹。

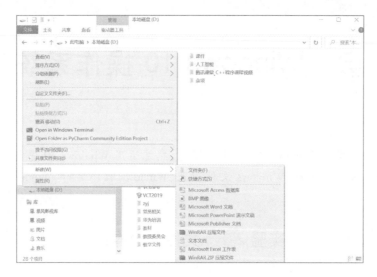

图 2-3　资源管理器窗口

(2)将 exercise 文件夹下的所有文件和文件夹复制到 student 文件夹中。

①在"资源管理器"窗口中双击 D 盘图标,此时主窗口中显示 D 盘中所有的文件夹和文件。

②双击 exercise 文件夹图标,此时窗口中列出 exercise 文件夹下的所有文件和文件夹。

③按【Ctrl + A】组合键,选中该文件夹下的所有文件和文件夹。

④右击,在弹出的快捷菜单中选择"复制"命令,或按【Ctrl + C】组合键,将选中内容复制到剪贴板。

⑤再回到 D 盘目录,双击 student 文件夹,打开 student 文件夹窗口。

⑥右击窗口的空白处,在弹出的快捷菜单中选择"粘贴"命令,或按【Ctrl + V】组合键,即可完成复制。

(3)将 exercise 文件夹下的 document 文件夹移动到 student1 文件夹中。

①在 D 盘窗口中双击 exercise 文件夹,此时窗口中列出 exercise 文件夹下的所有文件和文件夹。

②在窗口中单击 document 文件夹图标,选中该文件夹。

③右击后在弹出的快捷菜单中选择"剪切"命令,或按【Ctrl + X】组合键,将选中内容移动到剪贴板。

④再回到 D 盘目录,双击 student 文件夹,并继续双击 student1 文件夹,打开 student1 文件夹。

⑤右击后在弹出的快捷菜单中选择"粘贴"命令,或按【Ctrl + V】组合键,即可完成文件夹的移动。

(4)将 voice 文件夹重命名为 sound。

①在 D 盘窗口中双击 exercise 文件夹,此时窗口中列出 exercise 文件夹下的所有文件和文件夹。

②在窗口中右击 voice 图标,在弹出的快捷菜单中选择"重命名"命令。

③也可以单击两次需要改名的文件或文件夹的名字处,使名称反白显示。

④输入 sound,单击其他位置,确认修改。

(5)删除 picture 和 tool 文件夹。

①在 D 盘窗口中双击 exercise 文件夹,此时窗口中列出 exercise 文件夹下的所有文件和文件夹。

②在窗口中单击选中 picture 文件夹,然后按住【Ctrl】键,再单击 tool 文件夹,使两个文件夹都被选中。

③按【Delete】键即可完成删除(将文件夹放入回收站)。

(6)恢复被删除的 picture 文件夹,彻底删除 tool 文件夹。

①在桌面双击"回收站"图标,打开"回收站"窗口。

②在"回收站"窗口中单击选中 picture 文件夹,然后右击,在弹出的快捷菜单中选择"还原"命令,即可还原被删除的 picture 文件夹。

③在"回收站"窗口中单击选中 tool 文件夹,然后按【Delete】键,此时会打开"删除文件夹"对话框,用来提示是否永久删除。单击"是"按钮,即可彻底删除该文件夹。

【例 2.2】查看 student 文件夹的特性,并将其设置为"只读"属性。

【解】具体操作步骤如下:

(1)在 D 盘窗口中右击 student 文件夹,在弹出的快捷菜单中选择"属性"命令,打开如图 2-4 所示的"student 属性"对话框。

(2)在"student 属性"对话框中显示了文件或文件夹的大小、创建时间及其他重要的统计信息。

(3)在"常规"选项卡中选中"只读"复选框。

(4)单击"确定"按钮,关闭"student 属性"对话框。

三、实验内容

在 Windows 实验素材库建立了如图 2-1 所示的文件夹结构。从相应网站下载该实验素材文件夹中的 exercise 文件夹到 D 盘根目录下,完成以下操作:

(1)在 D 盘根目录下建立如图 2-2 所示的文件夹结构。

(2)将 exercise 文件夹下除 tool 以外的文件夹复制到 student 文件夹下。

(3)将 exercise 文件夹下的 document 文件夹下的文件移动到 student1\\word 文件夹下。

(4)将 exercise 文件夹下的 else 文件夹重命名为 win。

(5)删除 voice 和 user 文件夹。

(6)恢复被删除的 voice 文件夹,彻底删除 user 文件夹。

图 2-4　"student 属性"对话框

实验 2-2　程序运行操作

一、实验目的

(1)了解运行程序和打开文档的含义。

(2)熟悉并掌握运行程序的方法。

(3)熟悉并掌握打开文档的方法。

(4)掌握创建快捷方式的方法。

二、实验示例

【例 2.3】从"开始"菜单中运行程序。

(1)从"开始"菜单的"Windows 附件"中运行"记事本"程序。

(2)使用"运行"命令来运行"计算器"程序。

【解】具体操作步骤如下:

(1)从"开始"菜单的"Windows 附件"中运行"记事本"程序。

①单击"开始"按钮,在打开的"开始"菜单中选择"Windows 附件"命令。

②在"Windows 附件"级联菜单中选择"记事本"命令,运行该程序。此时会打开"记事本"程序窗口。

(2)使用"运行"命令来运行"计算器"程序。

①右击"开始"菜单,在弹出的快捷菜单中选择"运行"命令。

②在打开的"运行"对话框中输入 calc,如图 2-5 所示。

③单击"确定"按钮,打开"计算器"程序窗口,即通过"运行"命令直接启动了计算器程序。

④如果并不是很清楚地知道运行文件的具体名字,可以在"运行"对话框中单击"浏览"按钮,在打开的

"浏览"对话框中依次选择磁盘、文件夹,最后找到需要运行的文件。

【例2.4】在资源管理器中直接运行程序或打开文档。

(1)运行 D:\\exercise\\tool\\OCTS.exe 程序。

(2)打开 D:\\exercise\\document\\个人简历一览表.docx 文档。

图2-5 "运行"对话框

【解】具体操作步骤如下:

(1)运行 D:\\exercise\\tool\\OCTS.exe 程序。

①打开资源管理器窗口。

②在资源管理器窗口中依次打开 D 盘、exercise、tool 文件夹窗口。

③在 tool 文件夹窗口中找到 OCTS.exe 文件并双击,运行该程序。

(2)打开 D:\\exercise\\document\\个人简历一览表.docx 文档。

①打开资源管理器窗口。

②在资源管理器窗口中依次打开 D 盘、exercise、document 文件夹窗口。

③在 document 文件夹窗口中找到"个人简历一览表.docx"文件并双击,启动 Word 并打开该文档。

【例2.5】在 D:\\exercise 文件夹中搜索 jpg 文件,然后打开 tnzhiwu03.jpg 文档。

【解】具体操作步骤如下:

(1)打开资源管理器窗口。

(2)在资源管理器窗口中依次打开 D 盘、exercise 文件夹窗口。

(3)在资源管理器的搜索栏中输入"＊.jpg",此时系统将 exercise 文件夹下搜索到的所有 jpg 文件列在窗口中,如图2-6所示。

(4)找到 tnzhiwu03.jpg 文件并双击,打开该图片文档。

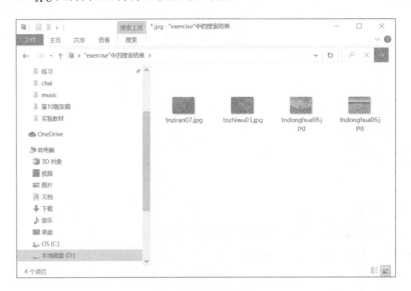

图2-6 "搜索结果"窗口

【例2.6】使用快捷方式运行程序或打开文档。

(1)D:\\exercise\\tool 文件夹下有 xlight.exe 程序,在 D:\\exercise\\user 文件夹下建立该程序的快捷方式,将其命名为"设置 FTP 服务器"。

(2)运行 D:\\exercise\\user 文件夹下刚刚建立的"设置 FTP 服务器"快捷方式。

【解】具体操作步骤如下:

(1)D:\\exercise\\tool 文件夹下有 xlight.exe 程序,在 D:\\exercise\\user 文件夹下建立该程序的快捷

方式,将其命名为"设置 FTP 服务器"。

①打开资源管理器窗口。

②在资源管理器窗口中依次打开 D 盘、exercise、tool 文件夹窗口。

③在 tool 文件夹窗口中单击选中 xlight. exe 文件,按【Ctrl + C】组合键,将其复制到剪贴板。

④在资源管理器窗口中依次打开 D 盘、exercise、user 文件夹窗口。

⑤在 user 文件夹窗口中右击,在弹出的快捷菜单中选择"粘贴快捷方式"命令,此时窗口中出现以"xlight. exe-快捷方式"为名的快捷方式。

⑥右击"xlight. exe-快捷方式"快捷方式,在弹出的快捷菜单中选择"重命名"命令,并将其改名为"设置 FTP 服务器"。

(2)运行 D:\\exercise\\user 文件夹下刚刚建立的"设置 FTP 服务器"快捷方式。

①打开资源管理器窗口。

②在资源管理器窗口中依次打开 D 盘、exercise、user 文件夹窗口。

③在 user 文件夹窗口中双击"设置 FTP 服务器"快捷方式,即可运行相应程序。

运行的程序实际为 D:\\exercise\\tool 文件夹下的 xlight. exe 程序。

三、实验内容

(1)选择"开始"菜单中的"运行"命令,运行"记事本"程序(notepad. exe)。

(2)选择"开始"菜单中的"Windows 附件"命令,运行"画图"程序。

(3)在 D:\\exercise 文件夹中搜索 docx 文件,选择一个打开并进行编辑。

(4)D:\\exercise\\tool 文件夹下有 OCTS. exe 程序,在 D:\\exercise\\user 文件夹下建立该程序的快捷方式,将其命名为"考试系统"。

实验 2-3　Windows 10 系统环境与管理操作

一、实验目的

(1)掌握定制"任务栏"的操作。

(2)了解定制"开始"菜单的操作。

(3)了解磁盘的基本操作。

(4)掌握设置桌面背景的方法。

(5)了解 Windows 任务管理器的使用。

二、实验示例

【例 2.7】任务栏的操作

(1)定制任务栏的外观。

(2)任务栏快速启动区的操作。

【解】具体操作步骤如下:

(1)定制任务栏的外观。

右击任务栏,弹出如图 2-7(a)所示的任务栏快捷菜单,选择"任务栏设置"命令,打开如图 2-7(b)所示的任务栏设置窗口,在"任务栏快捷菜单"和"任务栏设置窗口"中有若干命令或选项,通过这些命令的选择或选项的设置,可以对任务栏进行定制。

① 显示/隐藏操作按钮:在任务栏快捷菜单中可以选择显示或隐藏 Cortana 按钮、显示"任务视图"按钮等,还可以在"搜索"级联菜单下选择"显示搜索框",方便在任务栏中直接进行搜索操作。这些操作按钮和搜索框也可以通过取消显示,不在任务栏中出现。

② 锁定任务栏:在任务栏快捷菜单中选择"锁定任务栏"命令,即可将任务栏固定在桌面底部,此时不能通过鼠标拖动的方式改变任务栏的大小或移动任务栏的位置。如果取消了锁定,可以用鼠标拖动任务栏的

边框线,改变任务栏的大小;也可以用鼠标拖动任务栏到桌面的 4 个边上,即移动任务栏的位置。

③ 自动隐藏任务栏:在任务栏设置窗口中通过对自动隐藏任务栏的开关按钮进行设置,可以将任务栏隐藏起来。此时,如果想看到任务栏,只要将鼠标指针移到任务栏的位置,任务栏就会显示出来。移走鼠标后,任务栏又会重新隐藏起来。

④ 任务栏在屏幕上的位置:默认是底部,单击下拉列表按钮,选择顶部、左侧或右侧,可以将任务栏放置在桌面的上方、左侧或右侧。

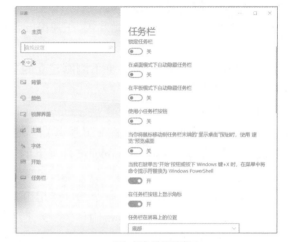

(a) 任务栏快捷菜单　　　　　　　　　　　　　　(b) 任务栏设置窗口

图 2-7　定制"任务栏"

(2)任务栏快速启动区的操作。

① 如果需要将某个程序图标固定在任务栏上,启动该应用程序,右击位于任务栏的该程序图标,然后在弹出的快捷菜单中选择"固定到任务栏"命令,即可将该程序图标固定到任务栏上,即使关闭该程序,任务栏上仍显示该程序图标。

② 需要快速运行某程序,在任务栏上用鼠标单击程序图标。

③ 如果需要将某程序图标从任务栏上移除,可右击程序图标,在弹出的快捷菜单中选择"从任务栏取消固定"命令。

【例 2.8】定制"开始"菜单。

【解】具体操作步骤如下:

(1)对于某些需要经常使用的应用程序,可以将其固定到右侧的"磁贴区"中,以方便快速查找和使用。在"开始"菜单左侧的"应用区"中找到需要设置的应用程序,右击该程序,在弹出的快捷菜单中选择"固定到开始屏幕",即可将该应用程序图标固定到右侧的"磁贴区"中。

(2)对于固定到"磁贴区"中的程序图标,也可以将其从"磁贴区"中取消。在"磁贴区"中右击需要取消的程序图标,在弹出的快捷菜单中选择"从开始屏幕取消固定"命令,即可将该应用程序从"磁贴区"中取消。

(3)对于"开始"菜单中的应用程序,也可以将其固定到任务栏的应用程序区中。在"开始"菜单的"应用区"或"磁贴区"中,右击需要固定到任务栏的应用程序图标,在弹出的快捷菜单中选择"更多",之后在级联菜单中继续选择"固定到任务栏"命令,即可将该应用程序固定到任务栏的应用程序区中。

【例 2.9】磁盘基本操作。

(1)查看磁盘容量。

(2)格式化磁盘。

(3)磁盘清理。

(4)磁盘碎片整理。

【解】具体操作步骤如下:

（1）查看磁盘容量。

①在桌面上双击"此电脑"图标，打开"资源管理器"窗口。

②在"查看"选项卡的"布局"分组中选择"内容"显示模式，每个硬盘驱动器图标旁就会显示磁盘的总容量和可用的剩余空间信息，如图 2-8 所示。

③在资源管理器窗口中右击需要查看的磁盘驱动器图标，在弹出的快捷菜单中选择"属性"命令，打开该磁盘的属性对话框，如图 2-9 所示。在其中除了可以了解磁盘空间占用情况外，还可以了解更多的信息。

图 2-8　文件资源管理器查看磁盘容量信息

图 2-9　磁盘属性对话框

（2）格式化磁盘。

①在资源管理器窗口中右击 D 盘图标，在弹出的快捷菜单中选择"格式化"命令，打开格式化对话框，对话框标题栏中出现"格式化 本地磁盘(D:)"，如图 2-10 所示。

②指定格式化分区采用的文件系统格式，系统默认是 NTFS。

③指定逻辑驱动器的分配单元的大小 4 096 字节。

④为驱动器设置卷标名。

⑤如果选中"快速格式化"复选框，能够快速完成格式化工作，但这种格式化不检查磁盘的损坏情况，其实际功能相当于删除文件。

⑥单击"开始"按钮进行格式化，此时对话框底部的格式化状态栏会显示格式化的进程。

> **注意：**
> 对磁盘的格式化操作将删除磁盘上的所有数据，一定要谨慎。

（3）磁盘清理。

①在 Windows 10 文件资源管理器窗口中右击某个磁盘，在弹出的快捷菜单中选择"属性"命令，打开磁盘属性对话框。

②单击"常规"选项卡中的"磁盘清理"按钮，此时系统会对指定磁盘进行扫描和计算工作。在完成扫描和计算工作之后，系统会打开"磁盘清理"对话框，并在其中按分类列出指定磁盘上所有可删除文件的大小（字节数），如图 2-11 所示。

图 2-10　格式化磁盘

图 2-11　磁盘清理对话框

③根据需要,在"要删除的文件"列表中选择需要删除的某一类文件。

④单击"确定"按钮,完成磁盘清理工作。

(4)磁盘碎片整理。

①在 Windows 10 文件资源管理器窗口中右击某个磁盘,在弹出的快捷菜单中选择"属性"命令,打开磁盘属性对话框。

②单击"工具"选项卡中的"优化"按钮,打开"优化驱动器"窗口,如图 2-12 所示。

③在"优化驱动器"窗口中,选定具体的磁盘驱动器,单击"优化"按钮,即可对选定的磁盘进行优化并进行碎片整理。

图 2-12　"优化驱动器"窗口

【例 2.10】设置 Windows 防火墙。

【解】具体操作步骤如下:

(1)在"开始"菜单的"Windows 系统"中选择"控制面板"命令,打开"控制面板"窗口。

(2)在"控制面板"窗口中选择"系统和安全",打开"系统和安全"窗口。

（3）单击"Windows Defender 防火墙"，打开"Windows Defender 防火墙"窗口，如图2-13所示。

（4）单击窗口左侧的"启用或关闭 Windows Defender 防火墙"链接，打开"自定义设置"对话框，可以对"专用网络设置"和"公用网络设置"启动或关闭 Windows Defender 防火墙。通常为了网络安全，不建议关闭防火墙。

（5）单击窗口左侧的"允许应用或功能通过 Windows Defender 防火墙"链接，打开"允许的应用"窗口。在"允许的应用和功能"列表栏中，勾选信任的程序，单击"确定"按钮完成配置。

（6）如果要添加、更改或删除允许的应用和端口，可以单击"更改设置"按钮，进行进一步的设置。

图2-13　"Windows Defender 防火墙"窗口

【例2.11】Windows 安全与防护。

【解】具体操作步骤如下：

（1）在"开始"菜单的"Windows 系统"中选择"控制面板"命令，打开"控制面板"窗口。

（2）在"控制面板"窗口中选择"安全和维护"选项，打开"安全和维护"窗口，如图2-14所示。

（3）单击"安全"旁的下拉按钮，窗口显示与安全相关的信息与设置，如图2-14（a）所示。

（4）单击"维护"旁的下拉按钮，窗口显示与维护相关的信息与设置，如图2-14（b）所示。

（5）单击窗口左侧的"更改安全和维护设置"链接，即可打开"更改安全和维护设置"对话框。在"安全消息"分组或"维护消息"分组中勾选某个复选框或取消对某个复选框即可打开或关闭相关消息。

（a）"安全和维护"-安全窗口　　　　　　　　（b）"安全和维护"-维护窗口

图2-14　Windows 安全和维护窗口

【例2.12】Windows 外观和个性化设置。

（1）任务栏和导航。

（2）字体设置。

【解】具体操作步骤如下：

（1）任务栏和导航。

①在"开始"菜单的"Windows 系统"中选择"控制面板"命令，打开"控制面板"窗口。

②在"控制面板"窗口中选择"外观和个性化"选项，打开"外观和个性化"窗口，如图 2-15 所示。

③在"外观和个性化"窗口中单击"任务栏和导航"链接，打开 Windows 10 的"设置"窗口，如图 2-16 所示。

图 2-15　"外观和个性化"窗口

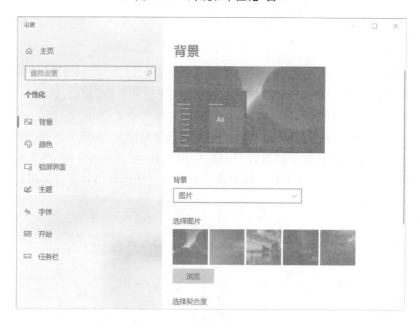

图 2-16　Windows 10"设置"窗口

④在"设置"窗口的左侧，依次列出了可以进行个性化设置的项目，如"背景"、"颜色"、"锁屏界面"、"主题"、"字体"、"开始"和"任务栏"等，这些个性化的设置项目可以对桌面背景、窗口颜色和外观、桌面主题、计算机锁屏时的屏幕保护程序等进行设置。选中某一项目，右侧会显示出针对该项目的设置内容，依据需要依次设置即可。

（2）字体设置。

①在"开始"菜单的"Windows 系统"中选择"控制面板"命令，打开"控制面板"窗口。

②在"控制面板"窗口中选择"外观和个性化"选项，打开"外观和个性化"窗口，参见图 2-15。

③在"外观和个性化"窗口中单击"字体"链接，打开"字体"窗口，窗口中显示系统中所有的字体文件，

如图 2-17 所示。

　　④选中某一字体,单击工具栏中的"预览"按钮,可以显示该字体的样式。

　　⑤选中某一字体,单击"删除"按钮,可以删除该字体文件。

　　⑥选中某一字体,单击"隐藏"按钮,可以隐藏除该字体文件,之后工具栏中会出现"显示"按钮,单击"显示"按钮,又可将该字体显示出来。

图 2-17　"字体"窗口

【例 2.13】Windows 任务管理器的使用。

【解】具体操作步骤如下:

(1)启动若干应用程序,依次打开"资源管理器"、若干 Word 文档等。

(2)右击任务栏,在弹出的快捷菜单中选择"任务管理器"命令,打开"任务管理器"窗口;或右击"开始"菜单,在弹出的快捷菜单中选择"任务管理器"命令,或直接按【Ctrl + Shift + Esc】组合键,也可打开"任务管理器"窗口,如图 2-18 所示。

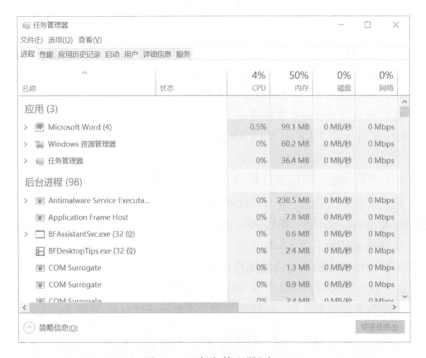

图 2-18　"任务管理器"窗口

(3)在"进程"选项卡中显示了所有当前正在运行的进程,图 2-18 所示的任务管理器的中,应用有 3 个(用户打开的应用程序),后台进程有 98 个(执行操作系统各种功能的后台服务)。

(4)在"进程"选项卡中选中一个正在运行的应用程序(如 Windows 资源管理器),单击"结束任务"按钮;或右击,在弹出的快捷菜单中选择"结束任务"命令,终止该应用程序。

(5)在"进程"选项卡中选中某一个后台进程,单击"结束任务"按钮,或右击,在弹出的快捷菜单中选择"结束任务"命令,可以终止该运行的后台进程。

> 注意:
> 通过任务管理器终止应用程序或后台进程将丢失未保存的数据,而且如果结束的是系统服务,则系统的某些功能可能无法正常使用。通常对于一般用户来说,在不是很清楚地了解后台进程与对应服务关系的情况下,不要轻易结束后台进程。

三、实验内容

(1)在屏幕上找到"任务栏",将"任务栏"隐藏或取消隐藏,并且改变"任务栏"的大小。

(2)将自己喜爱的程序设置为屏幕保护程序。

(3)将自己喜爱的图片设置为桌面背景,并使图片平铺于桌面上。

(4)将桌面上的某个应用程序图标拖动到任务栏的快速启动区。

实验 2-4 Windows 10 综合练习

一、实验目的

(1)理解文件、文件名和文件夹的概念。

(2)熟练掌握文件和文件夹的操作。

(3)熟练运用剪贴板进行相关操作。

(4)理解快捷方式的含义。

(5)熟练掌握创建快捷方式的方法。

二、实验示例

【例 2.14】在 Windows 实验素材库有如图 2-19 所示的文件夹结构。从相应网站下载该实验素材文件夹中的 exercise 文件夹到 D 盘根目录下,然后在 exercise 文件夹下完成以下操作:

(1)在 user 文件夹下建立如图 2-19 所示的文件夹结构。

(2)将 document 文件夹复制到 user1 文件夹下。

(3)将 else 文件夹下文件大于 3 KB 小于 13 KB 的文件复制到 user 文件夹中。

```
user ┬─ user1 ─── usera
     ├─ user2 ─── userb
     └─ user3
```

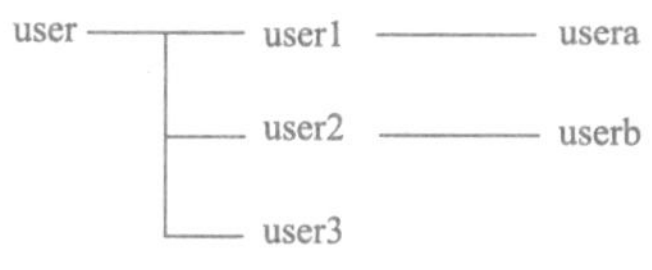

图 2-19   user 文件夹结构

(4)将 else 文件夹下所有.jpg 类型的文件移动到 picture 文件夹中。

(5)将 document 和 tool 文件夹删除(放入回收站即可)。

(6)还原被删除的 document 文件夹,彻底删除 tool 文件夹。

(7)将 document 文件夹重新命名为 word。

(8)将 else 文件夹下 CONFIG. SYS 文件的属性设置为"只读"和"隐藏"。

(9)将 else 文件夹下具有隐藏属性的 LX. txt 文件去掉其隐藏属性。

(10)在 exercise 文件夹下查找 CALC. exe 程序文件,并在 user 文件夹下建立该程序文件的快捷方式,将其命名为"计算器"。

(11)将 else 文件夹下所有以 w 开头,第 5 个字符为 e 的文件复制到 user 文件夹中。

【解】具体操作步骤如下:

（1）在 user 文件夹下建立如图 2-19 所示的文件夹结构。

①在"资源管理器"窗口中双击 D 盘图标,此时主窗口中显示 D 盘中所有的文件夹和文件。

②双击 exercise 文件夹图标,然后继续双击 user 文件夹图标,此时窗口中列出 user 文件夹下的所有文件和文件夹。

③在窗口空白处右击,在弹出的快捷菜单中选择"新建"命令,并在其级联菜单中选择"文件夹"命令。

④此时窗口中出现"新建文件夹"图标,输入名字 user1 并按【Enter】键,这样就在 user 下建立了一个名为 user1 的新文件夹。采用相同的方法在 user 文件夹下建立 user2、user3 文件夹。

⑤双击 user1,打开 user1 文件夹,用同样方法在 user1 文件夹下建立 usera。

⑥双击 user2,打开 user2 文件夹,用同样方法在 user2 文件夹下建立 userb。

（2）将 document 文件夹复制到 user1 文件夹下。

①在"资源管理器"窗口中双击 D 盘图标,此时主窗口中显示 D 盘中所有的文件夹和文件。

②双击 exercise 文件夹图标,此时窗口中列出 exercise 文件夹下的所有文件和文件夹。

③单击选中 document 文件夹。

④右击后在弹出的快捷菜单中选择"复制"命令,或按【Ctrl + C】组合键,将选中内容复制到剪贴板。

⑤依次双击 user 和 user1 文件夹,打开 user1 文件夹窗口。

⑥右击后在弹出的快捷菜单中选择"粘贴"命令,或按【Ctrl + V】组合键,完成复制。

（3）将 else 文件夹下文件大于 3 KB 小于 13 KB 的文件复制到 user 文件夹中。

①在"资源管理器"窗口中依次双击 D 盘、exercise 文件夹和 else 文件夹,此时窗口中显示 else 文件夹中所有的文件夹和文件。

②右击窗口,在弹出的快捷菜单中选择"查看"命令,在打开的级联菜单中选择"详细信息"命令,如图 2-20 所示。

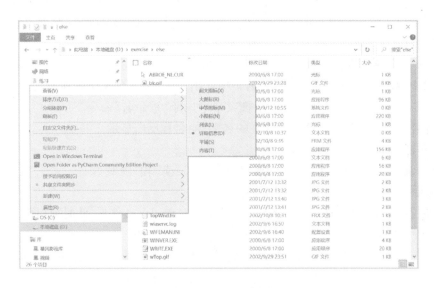

图 2-20　设置文件查看方式

③在"资源管理器"窗口中直接单击表头"大小",使文件按字节大小进行排列。此时文件以大小顺序详细地排列在窗口中。

④单击第一个符合条件的文件,按住【Shift】键,再单击最后一个符合条件的文件,选中符合条件的全部文件。

⑤右击文件,在弹出的快捷菜单中选择"复制"命令,或按【Ctrl + C】组合键,将选中内容复制到剪贴板。

⑥打开 user 文件夹,右击后在弹出的快捷菜单中选择"粘贴"命令,或按【Ctrl + V】组合键,完成复制。

（4）将 else 文件夹下所有.jpg 类型的文件移动到 picture 文件夹中。

①在"资源管理器"中选择"查看"选项卡,如图 2-21 所示。

②在"显示/隐藏"选项组中,选中"文件扩展名"复选框,在窗口中即可显示文件的扩展名。

③打开 else 文件夹,在窗口中单击表头"类型",使文件按类型进行排列。此时文件按照类型顺序排列在窗口中。

④单击第 1 个. jpg 类型的文件,按住【Shift】键,再单击最后一个. jpg 类型的文件,选中该文件夹下的所有. jpg 类型的文件。

⑤右击后在弹出的快捷菜单中选择"剪切"命令,或按【Ctrl + X】组合键,将选中内容剪切到剪贴板。

⑥打开 picture 文件夹,右击后在弹出的快捷菜单中选择"粘贴"命令,或按【Ctrl + V】组合键,完成移动。

图 2-21　Windows 10 文件资源管理器 –"查看"选项卡

(5)将 document 和 tool 文件夹删除(放入回收站即可)。

①在 D 盘窗口中双击 exercise 文件夹,此时窗口中列出 exercise 文件夹下的所有文件和文件夹。

②在窗口中单击选中 document 文件夹,然后按住【Ctrl】键,再单击 tool 文件夹,使两个文件夹都被选中。

③按【Delete】键,即可完成删除(将文件夹放入回收站)。

(6)还原被删除的 document 文件夹,彻底删除 tool 文件夹。

①在桌面双击"回收站",打开"回收站"窗口。

②在"回收站"窗口中右击 document 文件夹,在弹出快捷菜单中选择"还原"命令,即可还原被删除的 document 文件夹。

③在"回收站"窗口中单击选中 tool 文件夹,然后按【Delete】键,此时会弹出"删除文件夹"对话框,提示"确实要永久的删除此文件夹吗?",单击"是"按钮,即可彻底删除该文件夹。

(7)将 document 文件夹重新命名为 word。

①在 D 盘窗口中双击 exercise 文件夹,此时窗口中列出 exercise 文件夹下的所有文件和文件夹。

②在窗口中右击 document 图标,在弹出的快捷菜单中选择"重命名"命令。

③也可以单击两次需要改名的文件或文件夹的名字,使名称反白显示。

④输入 word,单击其他位置,确认修改。

(8)将 else 文件夹下 CONFIG. SYS 文件的属性设置为"只读"和"隐藏"。

具体操作步骤如下:

①在"资源管理器"窗口中依次双击 D 盘、exercise 文件夹和 else 文件夹,此时窗口中显示 else 文件夹中所有的文件夹和文件。

②在窗口中右击 CONFIG. SYS 文件,在弹出的快捷菜单中选择"属性"命令,打开"CONFIG. SYS 属性"对话框。

③在"常规"选项卡中,选中"只读""隐藏"复选框。

④单击"确定"按钮,关闭"属性"对话框。

(9)将 else 文件夹下具有隐藏属性的 LX. txt 文件去掉其隐藏属性。

①在"资源管理器"中选择"查看"选项卡,参见图 2-21。

②在"显示/隐藏"选项组中,选中"隐藏的项目"复选框,此时属性为隐藏的文件名也会在窗口中显示出来。

③打开 else 文件夹,找到 LX. txt 文件。

④右击该文件,在弹出的快捷菜单中选择"属性"命令,在打开的对话框中取消选中"隐藏"复选框。

(10)在 exercise 文件夹下查找 CALC. exe 程序文件,并在 user 文件夹下建立该程序文件的快捷方式,将其命名为"计算器"。

①打开"资源管理器"窗口。

②在"资源管理器"窗口中依次打开 D 盘、exercise 文件夹窗口。

③在"资源管理器"的搜索栏中输入 CALC. exe,此时系统在 exercise 文件夹下搜索到该文件并列在窗口中。

④在窗口中单击选中 CALC. exe 文件,按【Ctrl + C】组合键,将其复制到剪贴板。

⑤在"资源管理器"窗口中依次打开 D 盘、exercise、user 文件夹窗口。

⑥在 user 文件夹窗口中右击,在弹出的快捷菜单中选择"粘贴快捷方式"命令。此时窗口中出现以"CALC. exe-快捷方式"为名的快捷方式。

⑦右击"CALC. exe-快捷方式"快捷方式,在弹出的快捷菜单中选择"重命名"命令,并将其改名为"计算器"。

(11)将 else 文件夹下面所有以 w 开头,第 5 个字符为 e 的文件复制到 user 文件夹里。

①打开"资源管理器"窗口。

②在"资源管理器"窗口中依次打开 D 盘、exercise、else 文件夹窗口。

③在"资源管理器"的搜索栏中输入"w??? e∗. ∗",此时系统将 else 文件夹下搜索到的所有符合要求的文件列在窗口中。

④单击第一个符合条件的文件,按住【Shift】键,再单击最后一个符合条件的文件,选中符合条件的全部文件。

⑤右击后在弹出的快捷菜单中选择"复制"命令,或按【Ctrl + C】组合键,将选中的内容复制到剪贴板。

⑥打开 user 文件夹,右击后在弹出的快捷菜单中选择"粘贴"命令,或按【Ctrl + V】组合键,完成复制。

三、实验内容

从相应网站下载 Windows 实验素材文件夹中的 exercise 文件夹到 D 盘根目录下,然后在 exercise 文件夹下完成以下操作:

(1)在 user 文件夹下建立如图 2-22 所示的文件夹结构。

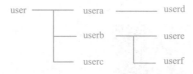

图 2-22　user 文件夹结构

(2)将 voice 文件夹下的文件移动到 else 文件夹下。

(3)将 tool 和 voice 文件夹删除(放入回收站)。

(4)将 else 文件夹下所有以 w 开头的文件复制到 usera 文件夹下。

(5)将 else 文件夹下小于 10 KB 的文件复制到 user 文件夹下。

(6)还原被删除的 tool 文件夹,彻底删除 voice 文件夹。

(7)将 else 文件夹下所有. exe 类型的文件复制到 tool 文件夹下。

(8)将 tool 文件夹重新命名为 program。

(9)设置 else 文件夹下 CONFIG. SYS 文件的属性为"只读"和"隐藏"。

(10)将 else 文件夹下具有隐藏属性的 foundme. txt 文件删除。

(11)在 exercise 文件夹下查找 PBRUSH. exe 程序,并在 user 文件夹下建立该程序的快捷方式,将其命名为"画笔"。

(12)将 else 文件夹下所有第 2 个字符为 b、第 5 个字符为 e、第 7 个字符为 n 的文件复制到 user 文件夹下。

第 3 章　WPS 文字处理实验

本章的目的是使学生熟练掌握文字处理软件 WPS Office 2019 处理办公文档。主要内容包括：WPS 的文字编辑与排版、表格制作、图文混排以及新技术使用。

实验 3-1　文字基本编辑与排版

一、实验目的

(1)掌握文档的建立与保存，文本的输入与修改。

(2)正确设置字符格式、段落格式与页面格式。

(3)掌握分节、分栏、首字下沉及段落编号与项目符号的使用。

(4)掌握页眉、页脚与页码的设置方法。

(5)掌握题注、脚注与尾注的设置方法。

(6)掌握样式的应用与修改及根据样式生成目录的方法。

(7)掌握邮件合并的使用方法。

(8)掌握设置文档属性及输出为 PDF 格式的方法。

二、相关知识点微课

文档基本操作		录入特殊符号	
查找和替换		字符格式	
段落格式		首字下沉	

边框和底纹		页面设置	
页眉和页脚		插入页码	
分栏操作			

三、实验示例

【例 3.1】打开素材文件 WENZI1.wps,按下列要求完成操作,并同名保存结果。

(1)将全文中所有"制令"替换为正确的"指令"。并删除所有空行。

(2)将标题文字设置为黑体,二号,加粗,水平居中对齐。

(3)将正文设置为宋体,三号,首行缩进 2 字符,行间距为固定值 26 磅。段前间距 1 行。

(4)正文除第一段外,其他段添加项目符号"带填充效果的大方形项目符号"。

【解】具体操作步骤如下:

(1)替换文字并删除空行。

打开素材,将光标置于标题前。单击"开始"选项卡中的"查找替换"下拉按钮,在打开的下拉列表中选择"替换"命令,在打开的"查找和替换"对话框中输入相应文字,单击"全部替换"按钮即可,如图 3-1 所示,再关闭该对话框。

图 3-1　"查找和替换"对话框

再次打开"查找和替换"对话框,将光标置于"查找内容"文本框,单击"特殊格式"按钮,在下拉列表中选择"段落标记"选项两次。将光标再置于"替换为"文本框,单击选择"特殊格式"列表中的"段落标记"选项,单击"全部替换"按钮,如图 3-2 所示。

图 3-2　删除空行

（2）标题文字格式设置。

选择标题文字"指令系统"，单击"字体"功能区右下角的对话框按钮，在打开的"字体"对话框中，选择中文字体为"黑体"，字形为"加粗"，字号为"二号"，如图 3-3 所示。在"开始"选项卡中，单击"居中对齐"按钮，设置标题文字水平居中。

（3）正文格式设置。

全选正文，单击"字体"功能区右下角的对话框按钮，打开"字体"对话框，设置中文字体为"宋体"，字号为"三号"。单击"开始"选项卡中的"段落"对话框按钮，在"段落"对话框中，选择特殊格式为"首行缩进"，度量值为"2 字符"，行间距为"固定值、26 磅"，段前间距为 1 行，如图 3-4 所示。

图 3-3　"字体"对话框　　　　　　　　　　图 3-4　"段落"对话框

（4）项目符号设置。

选择正文第二段及以后的所有段落，单击"开始"选项卡中的"项目符号"下拉按钮，在下拉列表中选择"带填充效果的大方形项目符号"命令,如图 3-5 所示,保存文档。

图 3-5　"项目符号"下拉列表

【例 3.2】打开素材文件 WENZI2.wps,按下列要求完成操作,并同名保存结果。

(1)设置纸型大小为 A4,页边距上下各为 2.4 厘米,左右各为 2 厘米。

(2)设置页眉文字为"浏览器"并居中,页码在页脚处居中。

(3)在标题文字"浏览器"后插入脚注,脚注文字为"计算机中用于查找、浏览和下载网络信息的一种应用程序"。

(4)把正文第一段分为两栏,栏间加分隔线。

(5)标题水平居中,正文第一段悬挂缩进 2 字符,其他段首行缩进 2 字符。

(6)为文中 IE 浏览器图添加标签为"图"的图注编号,题注文字内容为"图 1 IE 浏览器图标",与图居中对齐。并在相关段落文字中使用交叉引用"如图 1 所示"字样。

(7)修改标题 1 样式为宋体,三号,加粗,水平居中对齐,段前段后间距 10 磅,单倍行距。并应用到四个浏览器小标题中。

(8)在文章标题前插入分节符,产生空白页,输入目录两个字并居中,在下一行根据标题 1 样式生成带引导符与页码的一级目录。

(9)保存原文件后,再另存一份文件,命名为"浏览器.WPS"。

【解】具体操作步骤如下:

(1)页面设置。

单击"页面布局"选项卡中的"页面设置"对话框按钮,打开"页面设置"对话框,如图 3-6 所示,选择"纸张"选项卡,设置纸张大小为 A4,在"页边距"选项卡中设置页边距的上下均为 2.4 厘米,左右均为 2 厘米。

(2)设置页眉页脚。

单击"插入"选项卡中的"页眉页脚"按钮,插入点定位于页面上方的页眉区域,输入文字"浏览器",再单击"开始"选项卡中的"居中对齐"按钮三。再单击"页眉页脚"选项卡中的"页眉页脚切换"按钮,插入点移动到页脚处,单击"页眉和页脚"选项卡中的页码按钮#,选择的"页脚中间"样式。单击"页眉和页脚"选项卡中的"关闭"按钮,退出页眉和页脚编辑状态。

(3)添加脚注。

单击"引用"选项卡中的"插入脚注"按钮,插入点自动置于页面下方的脚注位置,并自动显示序号 1,在后面输入文字"计算机中用于查找、浏览和下载网络信息的一种应用程序"。

(4)分栏设置。

先选择正文第一段,再单击"页面布局"选项卡中的"分栏"按钮三,在下拉列表中选择的"更多分栏"命令,打开"分栏"对话框,设置为"两栏",并勾选"分隔线"选项,如图 3-7 所示。

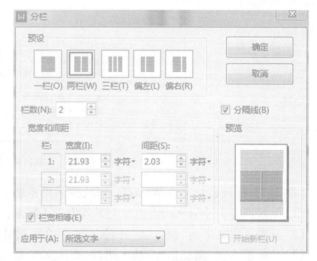

图 3-6 "页面设置"对话框　　　　　　　　　　　图 3-7 "分栏"对话框

说明：

　　如果发现分栏后，该段跑到下一页，则在分栏前需进行如下设置：选择"文件"→"选项"命令，打开"选项"对话框，勾选"常规与保存"标签页中"兼容性选项"下的"按 Word6.x/95/97 的方式安排脚注"，如图 3-8 所示。

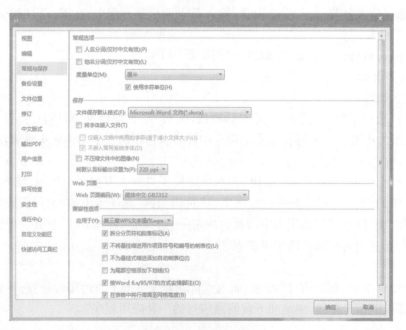

图 3-8 "选项"对话框

（5）设置段落格式。

①选择标题文字，单击"开始"选项卡中的"居中对齐"按钮三。

②选择正文第一段后，单击"段落"对话框按钮，打开"段落"对话框，设置"特殊格式"为"悬挂缩进"，度量值为 2 字符，单击"确定"按钮，如图 3-9 所示。

③选择其他段落，再次打开"段落"对话框，设置"特殊格式"为"首行缩进"，度量值为 2 字符，单击"确定"按钮，如图 3-10 所示。

图 3-9　段落悬挂缩进

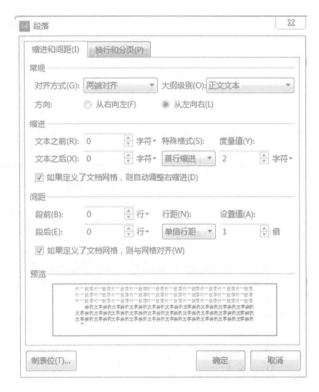

图 3-10　段落首行缩进

（6）添加题注与交叉引用。

①添加题注。选择图片后，在"图片工具"选项卡中单击"环绕"按钮，在下拉菜单中选择"上下型环绕"命令，设置图片为"上下型环绕"，单击"对齐"按钮，在下拉菜单中选择"水平居中"命令。在图片下方添加一个空行，单击"引用"选项卡的"题注"按钮，在打开的"题注"对话框中，选择标签为"图"，则"题注"文本框中自动显示"图 1"字样，如图 3-11 所示。单击"确定"按钮后在文本中插入点后显示"图 1"字样，再输入相应文字"IE 浏览器图标"，单击"开始"选项卡中的"居中对齐"按钮，将段落格式设置为居中对齐。

②使用交叉引用。选择图上方段落文字"图标如下图所示"中的"图"字，单击"引用"选项卡中的"交叉引用"按钮，打开"交叉引用"对话框，进行图 3-12 所示的设置。单击"插入"按钮即可。

（7）修改并应用样式。

①修改样式。在"开始"选项卡的样式列表中右击"标题 1"样式，在快捷菜单中选择"修改样式"命令，在打开的"修改样式"对话框中，设置格式为宋体，三号，加粗，居中对齐，如图 3-13 所示。单击对话框左下角的"格式"按钮，在列表中选择"段落"，在打开的"段落"对话框中，设置段前间距、段后间距均为 10 磅，单倍行距，单击"确定"按钮即可，如图 3-14 所示。

②应用样式。选择正文中四个浏览器小标题，单击"开始"选项卡中的"标题 1"样式，完成应用样式。

（8）插入分节符，生成目录。

①插入分节符。将插入点定位于文章标题左侧，单击"章节"选项卡的"新增节"按钮列表的"下一页分节符"，在标题前插入新节，生成一张空白页。

②生成目录。在空白页中输入文字"目录"并居中，再按【Enter】键产生一个空行。单击"引用"选项卡

中的"目录"按钮,在下拉列表中选择"自定义目录"命令,打开"目录"对话框,选择制表符前导符,勾选"显示页码"与"页码右对齐"复选框。单击"选项"按钮,在打开的"目录选项"对话框中选择有效样式"标题1",目录级别为1,如图3-15所示。

图 3-11　"题注"对话框　　　　　　　图 3-12　"交叉引用"对话框

图 3-13　"修改样式"对话框　　　　　　图 3-14　"段落"对话框

图 3-15　"目录"与"目录选项"对话框

(9)文件另存。

单击"快速访问工具栏"的"保存"按钮 后,选择"文件"→"另存为"命令,打开"另存文件"对话框,设置文件名为"浏览器",类型为"WPS 文字文件(∗.wps)",如图 3-16 所示。

图 3-16　"另存文件"对话框

【例 3.3】打开素材文件邀请函.wps,在邀请函正文开始处"尊敬的"后面插入各位老师的姓名,姓名来源于文件"通讯录.et",原名保存设置后,把合并生成的文档以"邀请函打印.wps"为名保存。

【解】具体操作如下:

(1)设置邮件合并的数据源。

打开素材文档,将光标定位于"尊敬的"后面。单击"引用"选项卡中的"邮件"按钮,则打开"邮件合并"选项卡,单击左侧"打开数据源"按钮,打开"选取数据源"对话框,如图 3-17 所示。

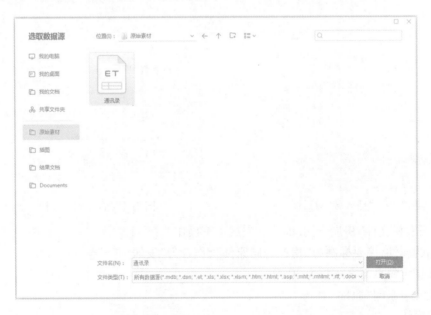

图 3-17　"选取数据源"对话框

选取数据文件"通讯录.et",单击"打开"按钮,打开"选择表格"对话框,保持图 3-18 中所示的默认状态直接单击"确定"按钮。

图 3-18 "选择表格"对话框

（2）插入域。

单击"合并邮件"选项卡中的"插入合并域"按钮，打开图 3-19 所示的"插入域"对话框。选取字段名"姓名"，单击"插入"按钮即可。此时，可看到文中"尊敬的"后面有了域名"≪姓名≫"。此时单击"查看合并数据"按钮，可看到原域名变为来自通讯录的真实姓名，通过"下一条"与"上一条"按钮可查看所有记录情况。

（3）合并到新文档并保存文件。

单击"邮件合并"选项卡中的"合并到新文档"按钮，打开"合并到新文档"对话框，如图 3-20 所示。选择"全部"选项，单击"确定"按钮后，则生成一个新文档，每条记录独占一页，供打印时使用。选择"文件"→"保存"命令，将文件命名为"邀请函打印.wps"。

图 3-19 "插入域"对话框

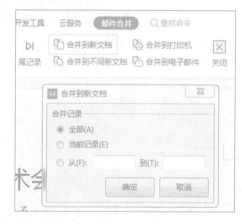

图 3-20 合并到新文档

【例3.4】打开素材文件"房屋合同.doc"。完成以下操作：

（1）设置文档的属性，摘要标题为"房产合同原件"，作者为"安居房产"。

（2）页面设置指定每页文字行数为 30 行。

（3）设置预设文字水印"原件"。

（4）删除页眉横线。

（5）使用制表位功能将文档最后的三行落款文本（甲方乙方，联系电话、日期）进行两列对齐，要求第二列在制表位位置 30 字符处进行左对齐。

（6）为保证文件打印时不跑版，先原文件名保存后再另存为 PDF 格式同名文件，然后使用"输出为

PDF"功能,在源文件目录下将其输出为带权限设置的 PDF 格式文件,权限设置为"禁止更改"和"禁止复制"。权限密码设置为三位数字"123",无须设置文件的打开密码,其他项保持默认即可。

【解】具体操作步骤如下:

(1)设置文档属性。

打开素材文档后,选择"文件"→"属性"命令,在"属性"对话框中选择"摘要"选项卡,设置标题为"房产合同原件",作者为"安居房产",如图 3-21 所示。

(2)指定每页文字行数。

单击"页面布局"选项卡中的"页面设置"对话框按钮,打开"页面设置"对话框,在"文档网格"选项卡中设置每页行数为 30,单击"确定"按钮即可,如图 3-22 所示。

图 3-21　文档属性对话框

图 3-22　页面设置之文档网格对话框

(3)给文字设置水印。

单击"插入"选项卡中"水印"按钮,在下拉列表中选择"预设水印"中的"原件"样式。

(4)删除页眉横线。

双击页眉位置,进入"页眉页脚"上下文选项卡,单击左侧"页眉横线"按钮,在下拉列表中选择"删除横线"选项,即删除页眉位置的横线,如图 3-23 所示。

(5)通过制表位对齐文本。

先选中文章最后落款三行文本(甲方乙方、联系电话、日期),单击"开始"选项卡中的"段落"对话框按钮,打开"段落"对话框,再单击左下角的"制表位"按钮,在弹出的"制表位"对话框中,在"制表位位置"文本框中输入 30,其他选项默认,单击"确定"按钮即可,如图 3-24 所示。

再将光标置于"乙方"之前,按【Tab】键,完成乙方的对齐操作,然后将光标置于第二个"联系电话"之前,按【Tab】键,完成联系电话的对齐操

图 3-23　删除页眉横线

作,将光标分别置于最后一行的两个"日期"之前,按【Tab】键,完成日期的对齐操作,如图 3-25 所示。

图 3-24 "制表位"对话框

图 3-25 制表位对齐文本效果

(6)保存为 PDF 格式。

单击"保存"按钮后,选择"文件"→"输出为 PDF"命令,打开"输出为 PDF"对话框,单击"高级设置"按钮,在"权限设置"选项卡,先勾选"文件加密"项,再输入密码为 123,再次确认为 123,取消勾选下面的与"允许更改"和"允许复制"复选框,如图 3-26 所示。

图 3-26 输出 PDF 文件权限设置

四、实验内容

【练习3.1】打开素材文件"郊游通知.wps",参考图3-27所示样张进行如下操作:

(1)设置纸张类型为A4,上下左右页边距均为2厘米。

(2)删除文章中所有空行。

(3)标题文字设置为微软雅黑,小初号,加粗,居中对齐,段后间距2行。

(4)正文第一段楷体二号字,首行缩进2字符,单倍行距。

(5)正文中从活动主题到行程安排所在的行,添加项目符号"●",为行程中的五个时间段(及文本)添加编号1,2,3,…,制表位位置为5字符。

(6)最后一段班委会落款段前间距2行,右对齐。宋体三号字。

(7)落款下一行插入自动更新的日期并右对齐。

(8)在页面下方空白处插入形状"笑脸",填充为红色,高6厘米、宽8厘米。

(9)页面颜色为浅绿,添加页面艺术型边框。

(10)文件另存为"秋游通知.wps"。

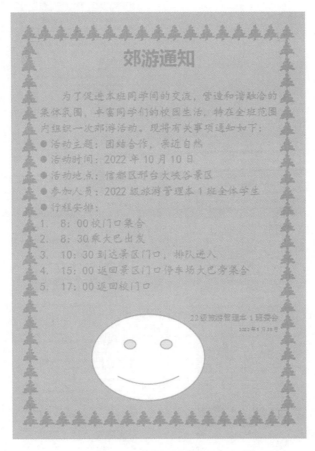

图 3-27　秋游通知样张

【练习3.2】打开素材文件"北京市信息公开年度报告.wps",进行如下操作:

(1)删除全文中空行与空格。

(2)插入标准型封面,原文中第一行文字为封面主标题、第二行文字为副标题,第三行的日期为公司地址。

(3)修改标题1样式为黑体,二号,加粗,水平居中对齐,段前段后间距均为1行,单倍行距。并应用到一级标题"一、概述……二、主动公开情况……五、存在的不足及改进措施"。

(4)修改标题2样式为宋体,三号,加粗,左对齐。并应用到二级标题"(一)……(二)……"所示段落。

其他段落为宋体四号,首行缩进2字符。

(5)设置文中两个图为上下型环绕方式,居中对齐,并添加标签为"图"的题注,题注在图的下方居中对齐,再在正文相应位置使用交叉引用。为文中一个表,添加标签为"表"的题注,位于表的上方居中对齐,使用交叉引用。

(6)正文前新增分节符,插入目录,目录内容根据标题1与标题2样式包含两级。

(7)只在正文所在的节插入居中页眉文字为"信息公开",页脚处插入页码,从1开始,居中对齐。

(8)保存文档。样张如图3-28所示。

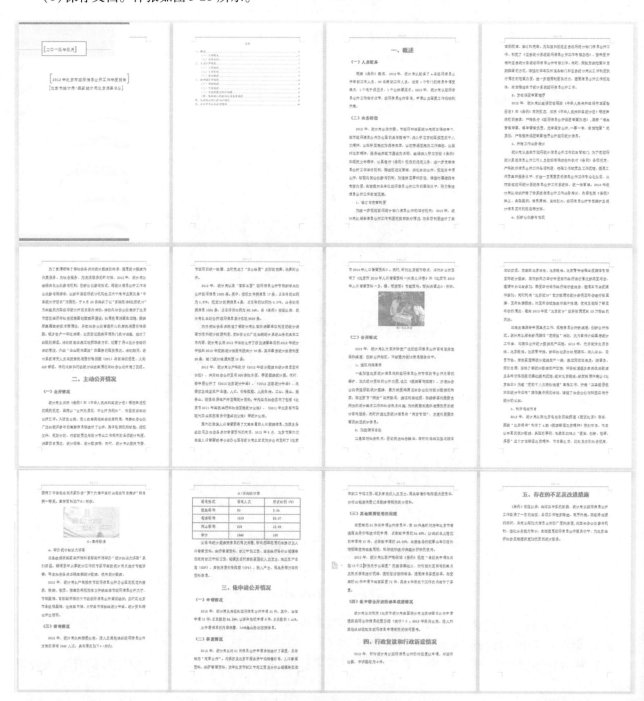

图3-28　北京市信息公开年度报告样张

【练习3.3】打开"成绩报告单.wps",根据"学生成绩表.et"文件数据,使用邮件合并技术在表格中填写相关成绩。合并结果文档为"成绩报告单打印.wps"。邮件合并主文档如图3-29所示,合并生成的文档如

图 3-30 所示。

期中考试成绩报告单					
姓名：《姓名》			学号：《学号》		
科目	语文	数学	英语	物理	化学	总分
成绩	《语文》	《数学》	《英语》	《物理》	《化学》	《总分》

图 3-29　成绩报告单主文档样张

期中考试成绩报告单

姓名：	宋子丹			学号：	C121401	
科目	语文	数学	英语	物理	化学	总分
成绩	98.7	87.9	84.5	93.8	76.2	441.1

期中考试成绩报告单

姓名：	郑菁华			学号：	C121402	
科目	语文	数学	英语	物理	化学	总分
成绩	98.3	112.2	88	96.6	78.6	473.7

期中考试成绩报告单

姓名：	张雄杰			学号：	C121403	
科目	语文	数学	英语	物理	化学	总分
成绩	90.4	103.6	95.3	93.8	72.3	455.4

期中考试成绩报告单

姓名：	江晓勇			学号：	C121404	
科目	语文	数学	英语	物理	化学	总分
成绩	86.4	94.8	94.7	93.5	84.5	453.9

期中考试成绩报告单

姓名：	齐小娟			学号：	C121405	
科目	语文	数学	英语	物理	化学	总分
成绩	98.7	108.8	87.9	96.7	75.8	467.9

期中考试成绩报告单

姓名：	孙如红			学号：	C121406	

图 3-30　成绩报告单合并文档样张

> **说明：**
>
> 若想每张纸打印多条记录，可以在"页面设置"对话框的"版式"选项卡中，把"节的起始位置"设置成"接续本页"。

【练习 3.4】打开素材文件"赡养老人分摊协议.docx"，进行以下操作：

（1）设置文档属性的摘要标题是"赡养协议"，作者为"张三"。

（2）为文档设置文字水印为"协议"。

（3）设置页眉文字带横线，文字内容为"赡养协议"左对齐。

（4）使用制表位功能，把正文前两行（父亲与母亲及身份证号）设置为两列并左对齐，制表位间隔 10 字符。

（5）文件名不变，然后使用"输出为 PDF"功能，在源文件目录下将其输出为带权限设置的 PDF 格式文件，权限设置为"禁止更改"和"禁止复制"。权限密码设置为三位数字"111"，无须设置文件的打开密码，其他项保持默认即可。结果文档样张如图3-31所示。

图 3-31　赡养协议样张

实验 3-2　表格基本操作

一、实验目的

（1）掌握插入表格并设置行列属性与合并拆分单元格。

（2）设置内外框线与插入斜线表头。

（3）输入文字并设置对齐方式。

（4）掌握设置表格底纹与套用格式。

（5）使用公式计算表格数据。

（6）文字与表格的转换设置。

二、相关知识点微课

创建表格

编辑表格

设置表格格式		制作大型表格	
表格文本的互换		表格的排序及计算	

三、实验示例

【例3.5】打开素材文件WENZI3.wps,按下列要求完成操作,并同名保存结果。样张如图3-32所示。

(1)插入一个8列5行的表格。第一行高为0.8厘米,其他行高为1厘米。第一列宽0.8厘米,其他列宽1.8厘米。

(2)参考样张合并相关单元格,输入相关文字,所有文字水平方向与垂直方向均居中。

(3)外边框线为3磅粗线,内边框为1磅细线,其中第三、四行间隔水平线为3磅粗线。

(4)第一行星期所在单元格填充底纹为浅绿。

(5)整个表格,在页面上水平居中。

【解】具体操作步骤如下:

(1)插入表格,设置行高与列宽。

①单击"插入"选项卡的"表格"按钮在下拉列表中选择"插入表格"命令,打开"插入表格"对话框,如图3-33所示。

图3-32　课程表样张　　　　　　　　　图3-33　插入表格

②设置列数为8、行数为5。

③设置行高。选择第一行后,右击后在快捷菜单中选择"表格属性"命令,在打开的"表格属性"对话框中选择"行"选项卡,设置第1行指定高度为0.8厘米、行高值是"固定值",如图3-34所示,同理,选择其他行后,在该对话框中设置其余4行的高度为固定值1厘米。

④设置列宽。选择第一列,右击后在快捷菜单中选择"表格属性"命令,在"表格属性"对话框中的"列"选项卡中设置第1列指定宽度为0.8厘米,如图3-35所示,其他列宽为1.8厘米。

(2)合并单元格,输入相应文字。

①根据样张所示,拖选要合并的单元格,右击后在快捷菜单中选择"合并单元格"命令。

图 3-34　设置行高　　　　　　　　　　　　　图 3-35　设置列宽

②输入样张所示文字,单击表格左上角的全选表格按钮⊕,选定全部表格,单击"表格工具"选项卡中的"对齐方式"下拉按钮,在下拉列表中选择"水平居中"按钮。

(3)设置框线。

①设置外框线:全选表格后,在"表格样式"选项卡中,使用"线型""线型粗细""边框颜色"工具,如图 3-36 所示,分别设置 3 磅、粗线、默认黑色,再单击"边框"下拉按钮在下拉列表中选择"外侧框线"选项。

图 3-36　框线设置

②设置内部框线:全选表格后按上述方法设置为 1 磅细线,再单击"边框"下拉按钮,在下拉列表中选择"内侧框线"选项。

③设置中间粗细:如上所述,设置为 3 磅粗线后,单击"绘制表格"按钮,拖动鼠标从左向右描画表格第三与第四行的分界线。

(4)填充底纹。

鼠标拖选第一行星期所在的六个单元格后,单击"表格样式"选项卡中的"底纹"下拉按钮🖰 底纹·,在下拉列表中选择标准色"浅绿"。

(5)表格对齐。

全选表格后,单击"表格工具"选项卡中的"对齐方式"下拉按钮,在下拉列表中选择"水平居中"选项。保存文档。

【例 3.6】打开素材文件"WENZI4.wps",按下列要求完成操作,并同名保存结果。

(1)把文章最后面的数据转换为表格。

(2)根据数量和单价,使用公式计算最后一列单元格的"金额"数据。

(3)应用表格样式为"主题样式 1-强调 3"。

【解】具体操作步骤如下:

(1)文字转换成表格。

打开文档素材,选择需要转换为表格的 6 行数据,单击"插入"选项卡中的"表格"下拉按钮,在下拉列表中选择"文本转换成表格"选项,在打开的对话框中设置文字分隔位置为"其他字符"的"*"号。"列数"为 4,如图 3-37 所示,单击"确定"按钮即可。

(2)使用公式。

将光标定位于最后一列第二个单元格,单击"表格工具"选项卡中的"*fx* 公式"按钮,打开"公式"对话框,在公式栏中输入"=b2*c2",数字格式设置为 0.00,如图 3-38 所示,单击"确定"按钮即可。同理设置下一个单元格的公式为"=b3*c3"。

图 3-37　"将文字转换成表格"对话框

图 3-38　"公式"对话框

(3)套用表格样式。

全选表格后,单击"表格样式"选项卡中的预设样式扩展按钮,在下拉列表中选择第 1 行第 4 个样式"主题样式 1-强调 3",保存文档。

四、实验内容

【练习 3.5】打开"出入证制作.wps"文档,进行如下操作:

(1)第一行输入标题"平安小区出入证"。将标题文字设置为黑体四号,加粗,居中。

(2)第二行开始建立 5 行 3 列的表格,并合并第三列的前四个单元格。所有单元格水平居中对齐。

(3)设置前四行的行高为 1 厘米,第五行高度为 2 厘米。

(4)第一列第一行单元格输入文字"姓名",第二行输入"电话",第三行输入"住址",第四行输入"单位",第五行输入"注:此证仅限本轮疫情期间使用"。将文字设置为宋体加粗小四号字。第四行第二列输入"_____栋_____单_____室"。合并第四行第一列与第二列单元格,合并第五行所有单元格。

(5)设置外部框线为 3 磅实线,内部框线为 1 磅实线。

(6)保存文档。样张如图 3-39 所示。

平安小区出入证		
姓名		
电话		
住址		
单位	____栋____单____室	
注:此证仅限本轮疫情期间使用		

图 3-39　出入证样张

【练习3.6】打开素材文档"咨询统计.wps",进行如下操作:

（1）把文中蓝色文字以空格为间隔转换成5行3列的表格。

（2）使用公式计算合计行数据。

（3）表格应用样式"主题样式1-强调5"。样张如图3-40所示。

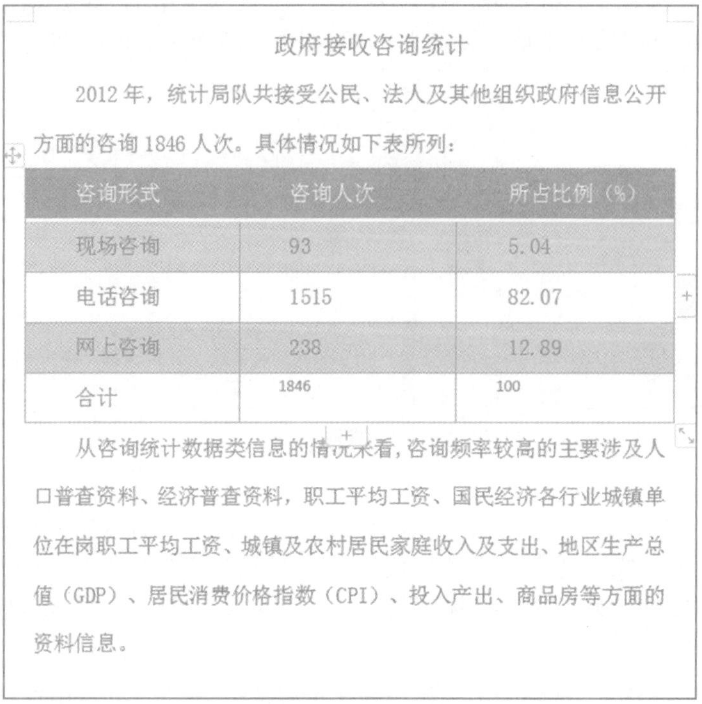

政府接收咨询统计

2012年，统计局队共接受公民、法人及其他组织政府信息公开方面的咨询1846人次。具体情况如下表所列：

咨询形式	咨询人次	所占比例（%）
现场咨询	93	5.04
电话咨询	1515	82.07
网上咨询	238	12.89
合计	1846	100

从咨询统计数据类信息的情况来看,咨询频率较高的主要涉及人口普查资料、经济普查资料,职工平均工资、国民经济各行业城镇单位在岗职工平均工资、城镇及农村居民家庭收入及支出、地区生产总值（GDP）、居民消费价格指数（CPI）、投入产出、商品房等方面的资料信息。

图3-40　咨询统计样张

实验3-3　图文混排技术

一、实验目的

（1）掌握插入图片、图形、文本框、艺术字的方法及格式设置。

（2）图片图形与文字的环绕格式设置。

（3）图片的对齐与组合设置。

二、相关知识点微课

形状设置		图片设置	
文本框设置		艺术字设置	

智能图形设置		邮件合并	
制作目录		脚注和尾注	

三、实验示例

【例 3.7】打开素材文件"WENZI5.wps",按下列要求完成操作,并同名保存结果。

(1)参考图 3-41 所示样张,把 CPU、内存条、硬盘相关图片插入到相应位置。环绕方式均为四周型环绕。

图 3-41　例 3.7 样张

(2)设置 CPU 图片高为 3 厘米,宽为 4 厘米。设置内存条图片锁定纵横比,高为 5 厘米。硬盘图片缩放为原图的 60%。

(3)使用文本框给硬盘图片添加图注,文字为"硬盘",图注无框线,图注与图片水平居中对齐后再组合。

(4)为页面添加艺术型边框。

【解】具体操作步骤如下:

(1)插入图片并设置环绕方式。

单击"插入"选项卡的"图片"按钮,打开"插入图片"对话框,如图 3-42 所示。

图 3-42　插入图片

在素材文件夹中选择图片文件"CPU. PNG"后单击"打开"按钮。再单击"图片工具"选项卡中的"环绕"下拉按钮,在下拉列表中选择"四周型环绕"选项,拖放于相应段落右侧。内存条与硬盘图片同理插入,均为四周型环绕,放置于相应段落右侧。

(2)设置图片大小。

右击 CPU 图片,在快捷菜单中选择"设置对象格式"命令。在打开的对话框中取消勾选"锁定纵横比"复选框,将高度设置为 3 厘米,宽度设置为 3 厘米。内存条图片同理操作。设置硬盘图片的缩放比例为60%,如图 3-43所示。

(3)添加题注。

①在硬盘图片下方添加文本框。单击"插入"选项卡中的"文本框"按钮,在硬盘图片下方拖动鼠标插入横排的文本框,输入文字内容为"硬盘",单击"文本工具"选项卡中的"居中对齐"按钮,设置段落格式为居中。右击文本框边线,在快捷菜单中选择"设置对象格式"命令,在打开的"设置对象格式"对话框的"颜色与线条"选项卡中,设置颜色为"无填充颜色",线条为"无线条颜色",如图 3-44 所示。

②按住【Shift】键同时选中硬盘图片与文本框,单击"图片工具"选项卡中的"对齐"按钮,在下拉列表中选择"水平居中"选项。然后单击浮动工具栏中的"组合"按钮或单击"图片工具"选项卡中的"组合"按钮,在下拉列表中选择"组合"选项。

(4)添加艺术边框。

单击"页面布局"选项卡中的"页面边框"按钮,在打开的对话框中设置页面边框的艺术型为绿树,宽度为 20 磅,应用于整篇文档,如图 3-45 所示。

【例 3.8】打开素材文件"WENZI6.wps",按下列要求完成操作,并同名保存结果。

(1)添加艺术字,内容为"社会主义核心价值观"。

(2)添加圆角矩形,宽 16 厘米,高 7 厘米。红色线条,填充浅绿色。内部文字为"富强、民主、文明、和谐,自由、平等、公正、法治,爱国、敬业、诚信、友善"。文字为红色,方正姚体,小初号,加粗。段落格式为水平居中。

图 3-43　设置图片大小

图 3-44　设置文本框格式

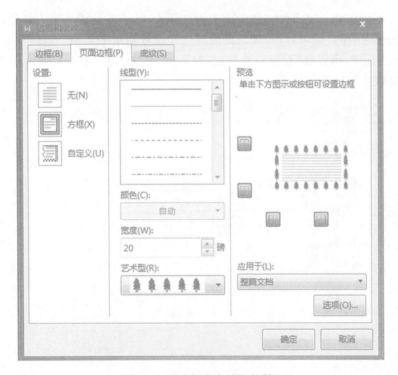

图 3-45　"边框和底纹"对话框

(3)艺术字与矩形均在页面水平居中,艺术字在矩形上方,进行组合。

(4)保存操作后,再另存为 PDF 格式,文件名为"价值观.pdf"。

【解】具体操作步骤如下:

(1)添加艺术字。

在"插入"选项卡中,单击"艺术字"按钮,在"艺术字库"下拉列表中选择第 4 行第 3 列的样式。单击

"确定"按钮后,在打开的"编辑艺术字文字"对话框中按要求编辑文字内容与字体字号,如图 3-46 所示。

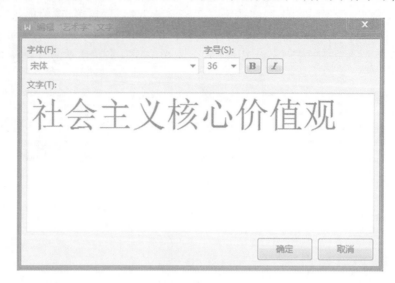

图 3-46　插入艺术字

（2）添加图形。

①单击"插入"选项卡中的"形状"按钮,在下拉列表中选择"基本形状"中的"圆角矩形"选项,在页面上拖画出圆角矩形。右击框线,在快捷菜单中选择"设置对象格式"命令,在打开的"设置对象格式"对话框中设置矩形大小,如图 3-47 所示。

②在矩形中输入文字内容,如图 3-48 所示,并打开"字体"对话框设置文字为红色,方正姚体,小初号,加粗。单击"开始"选项卡中的"居中对齐"按钮将段落格式设置为水平居中。这时会发现文字在形状中并没有水平与垂直方向均居中,可以在"设置对象格式"对话框的"文本框"选项卡中,勾选"重新调整自选图形以适应文本",单击"确定"按钮即可。

图 3-47　形状格式

（3）设置艺术字与图形的对齐与组合。

鼠标移至艺术字边框处，当光标出现四向箭头时单击选中艺术字，再单击"绘图工具"选项卡中的"环绕"按钮，在下拉列表中选择"四周型环绕"选项，然后按住【Shift】键，同时单击矩形，再单击"绘图工具"选项卡中的"对齐"按钮，在下拉列表中选择"水平居中"选项，再单击浮动工具栏中的"组合"按钮，或单击"绘图工具"中的"组合"按钮。

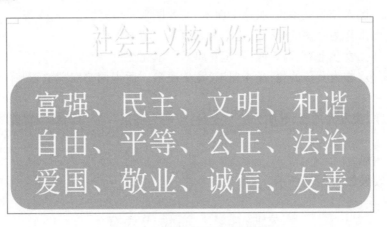

图 3-48　艺术字与矩形组合

（4）保存为 PDF 格式。

单击快速访问工具栏中的"保存"按钮，保存文件后，再选择"文件"→"另存为"命令，在打开的"另存文件"对话框中，选择文件类型为"PDF 文件格式"，文件名为"价值观"，单击"保存"按钮。

四、实验内容

【练习 3.7】打开素材文档"普通话.wps"，参照图 3-49 进行如下操作：

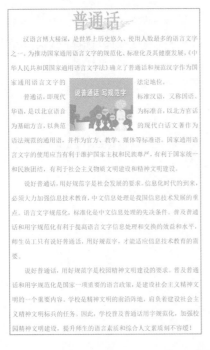

图 3-49　普通话样张

（1）全文设置为宋体四号字，首行缩进 2 字符。

（2）正文最前面插入空行，插入一行二列艺术字样式文字内容为"普通话"。设置艺术字宋体三号、居中作为文章标题。阴影效果为阴影样式 4。

（3）在第一段中间位置插入图片"普通话.jpg"，四周型环绕，高4厘米、宽5厘米大小。

（4）文章最后插入"横卷形"图形，衬于最后两段文字下方。高11厘米，宽17厘米，水平绝对位置在页面右侧1.5厘米，垂直绝对位置在页面下侧4.5厘米。填充浅绿色，轮廓线条为红色。

（5）设置页面边框为1.5磅蓝色。

【练习3.8】打开素材文档"小女孩标志.wps"，进行如下操作：

（1）使用"爆炸形"图形作为女孩头发，高1厘米、宽5厘米。填充黑色，无线条。

（2）使用"笑脸"图形作为女孩的脸，高、宽均为5厘米。填充黄色。

（3）使用"梯形"作为女孩上衣，高5厘米、宽8厘米。填充红色，无线条。

（4）使用"圆角矩形"作为女孩的腿，高4厘米、宽2厘米。适当调整双腿位置与间距，填充绿色。

（5）调整叠放次序，头发为顶层，其次为脸与上身，双腿为底层。适当调整位置能显示叠放效果。

（6）组合各部分图形。

（7）保存文档。效果如图3-50所示。

图3-50　小女孩图形

实验3-4　新技术应用

一、实验目的

（1）使用微信登录WPS云账号服务。

（2）掌握云文档的使用技术及多人协作编辑文档。

（3）掌握二维码与条码使用方法。

二、实验示例

【例3.9】使用微信注册WPS云账号。

【解】具体操作步骤如下：

（1）单击WPS文字"首页"窗口右上角的"登录"按钮，在WPS账号登录窗口选择"微信登录"，如图3-51所示。

图3-51　WPS账号登录

（2）使用微信扫码后，根据图3-52所示的手机屏幕授权提示，单击"点击授权"按钮进行授权，完成登录。这时可看到计算机窗口右上角出现微信头像,表明登录成功。

> 说明:
> 如果是首次使用微信登录 WPS 云账号,会自动注册。

图 3-52　WPS 账号登录时手机端授权窗口

【例 3.10】打开素材文件"花名册.wps",进行如下操作:

(1)更改表格标题为"2022 级营销 1 班花名册",水平居中。并另存文件名为"2022 级营销 1 班花名册"。

(2)保存为云文档,文件名为"22 级营销 1 班花名册.wps"。保存后关闭文档。

(3)把云文件"22 级营销 1 班花名册",分享到某微信群,允许多人分享编辑。

【解】具体操作步骤如下:

(1)打开素材"文件花名册.wps"。编辑标题文字为"2022 级营销 1 班花名册",单击"开始"选项卡中的"居中对齐"按钮,设置标题文字水平居中。并另存文件名为"2022 级营销 1 班花名册"。

(2)单击"云服务"选项卡中的"保存到云文档"按钮。打开"另存为"对话框,文件夹为"我的云文档",文件名为"22 级营销 1 班花名册"进行图 3-53 所示的保存。并关闭当前文档。

图 3-53　另存为云文档窗口

（3）选择"文件"→"打开"命令，在"打开文件"对话框中，选择文件夹为"我的云文档"，选择"22级营销1班花名册"文件，打开该云文档，如图3-54所示。

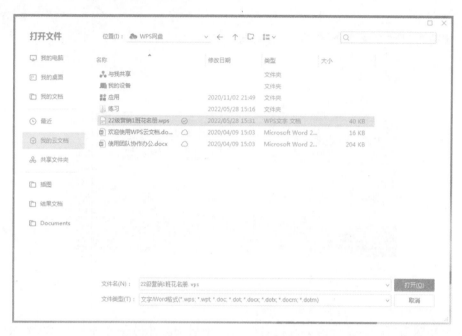

图3-54　打开云文档窗口

　　打开文件后，在"云服务"选项卡单击右上角"分享"按钮或选择"文件"→"分享"命令，打开分享对话框，选择方式为"任何人可编辑"，如图3-55所示，单击"创建并分享"按钮。在新打开的复制链接对话框中可以单击"复制链接"按钮，完成链接的复制，如图3-56所示。再切换到某微信群窗口后在发送消息框中粘贴链接供群内共享编辑，也可以单击"邀请他人加入分享"后的微信图标按钮，在弹出的界面中以二维码形式供他人扫描分享编辑，如图3-57所示。

　　【例3.11】打开素材文件"邢台学院百年历程.wps"，进行如下操作：

　　（1）在文章最后插入二维码，要求扫码后能看到文中的全部文字，且图案中嵌入文字"邢台学院"。

　　（2）生成二维码后，设置文字环绕方式为四周型，水平居中。

图3-55　选择分享方式对话框

图3-56　复制链接对话框

图 3-57　分享二维码到微信

【解】具体操作步骤如下：

（1）打开文档，复制全部文字。单击"插入"选项卡中的"二维码"按钮，在打开的对话框中进行相关设置。把文字内容粘贴到左侧"输入内容"文本框中，右侧"嵌入文字"选项内容输入"邢台学院"，单击"确定"按钮，如图 3-58 所示。

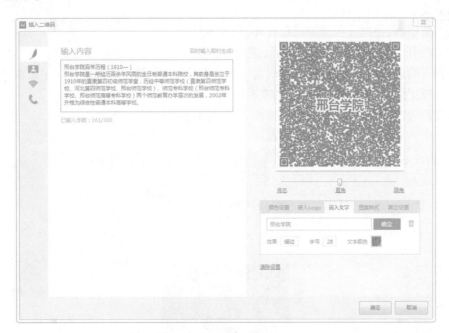

图 3-58　邢台学院二维码

单击"确定"按钮后在文章末尾得到插入的二维码。使用微信扫一扫功能可看到相关文字内容。

（2）选中二维码图片后，单击"图片工具"选项卡中的"环绕"按钮，在下拉列表中选择"四周型环绕"选项，设置二维码为四周型环绕方式，单击"对齐"按钮，在下拉列表中选择"水平居中"选项。

【例 3.12】打开素材文件"条形码简介.wps"选项，进行如下操作：

（1）将文章最后的快递单号生成条形码。

（2）设置条形码环绕方式为四周型，在文末水平居中。

【解】具体操作步骤如下：

（1）打开文档，复制 12 位阿拉伯数字的快递单号。单击"插入"选项卡中的"条形码"按钮，在打开的对话框中进行相关设置。把数字内容粘贴到"输入"右侧文本框中，单击"插入"按钮，如图 3-59 所示。

图 3-59　条形码快递单号

（2）单击"图片工具"选项卡中的"环绕"按钮，在下拉列表中选择"四周型环绕"选项，设置条形码为四周型环绕，单击"对齐"按钮，在下拉列表中选择"水平居中"选项。

三、实验内容

【练习 3.9】打开素材"每日体温填写.wps"，进行如下操作：

（1）设置为云文档。

（2）分享到某微信群，使群成员能填写每日体温，完成体温汇报。

【练习 3.10】打开素材"天河山简介.wps"，进行如下操作：

（1）在文字内容的最后插入二维码，二维码文字为全部文字（如果超出规定 300 字限制数可适当删减）。扫一扫后可阅读相关内容。在图案中嵌入文字"天河山"。

（2）设置二维码为四周型环绕，水平居中如图 3-60 所示。

图 3-60　天河山二维码

第 4 章　WPS 表格处理实验

本章的目的是使学生熟练掌握 WPS 表格的使用方法,并能够灵活地运用 WPS 表格软件制作电子表格。主要内容包括:表格的基本操作、公式与函数的应用、创建图表的操作及数据管理操作,包含数据的排序、筛选、分类汇总、数据透视表等。

实验 4-1　基本操作

一、实验目的

(1)掌握 WPS 表格的启动与退出。

(2)熟悉 WPS 表格的界面。

(3)掌握在工作表中录入各类数据的方法。

(4)掌握在数据录入时数据验证的使用。

(5)掌握工作表的基本设置操作。

(6)掌握工作表的命名、移动、复制方法。

(7)掌握条件格式的使用方法。

二、相关知识点微课

工作簿和工作表		拆分窗口和冻结窗格	
输入文本		输入数值	
输入日期		自动填充	

序列填充		批注操作	
编辑表格		单元格格式	
数字格式		行高列宽	
条件格式			

三、实验示例

【例 4.1】打开素材文件夹下的"数据录入 1. et"文件,按如下要求快速填充数据。

(1)根据图 4-1 所示的样张,在 Sheet1 中采用快速填充的方法输入数据。

(2)输入结束,以原文件名保存文件。

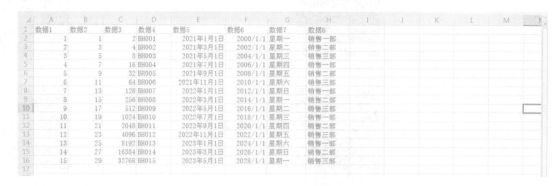

图 4-1 例 4.1 样张

【解】具体操作步骤如下:

(1)数据 1 列和数据 2 列的输入。在 A2 单元格输入 1,在 A3 单元格输入 2,选中 A1:A2 单元格区域,移到光标到选中区域右下角填充柄处,向下拖动,即可填充等差数列。数据 2 列的数据填充方法相同。

(2)数据 3 列的输入。在 C2 单元格输入初值 2,选中 C2:C16 单元格区域,单击"开始"选项卡中的"填充"下拉按钮,在下拉列表中选择"序列"命令,打开"序列"对话框,如图 4-2 所示,在"序列产生在"选项组中,选中"列"单选按钮。在"类型"选项组中,选中"等比序列"单选按钮。设置"步长值"为 2,最后单击"确定"按钮。

（3）数据 4 列的输入。在 D2 单元格输入 BH001，选中 D2 单元格，将鼠标指针移动到 D2 单元格右下角位置，此时鼠标指针会变成小十字形状，按住鼠标左键向下拖动填充柄，到 D16 单元格，释放鼠标左键。

（4）数据 5 列的输入。在 E2 单元格输入日期"2021 年 1 月 1 日"，选中 E2:E16 单元格区域，打开"序列"对话框，如图 4-3 所示，在"类型"选项组中，选择"日期"单选按钮，在"日期单位"选项组中，选择"月"单选按钮，设置"步长值"为 2。单击"确定"按钮。数据 6 列的输入方法同数据 5 列。

图 4-2　"序列"对话框　　　　　　图 4-3　"序列"对话框

（5）数据 7 列的输入。在 G2 单元格中输入"星期一"，选中 G2 单元格，将鼠标指针移动到 G2 单元格右下角位置，此时鼠标指针会变成小十字形状，按住鼠标左键向下拖动填充柄，到 G16 单元格，释放鼠标左键。

（6）数据 8 列的输入。选择"文件"→"选项"命令，弹出"选项"对话框，如图 4-4 所示，在左侧选择"自定义序列"选项，在右侧的"输入序列"文本框中，输入"销售一部、销售二部、销售三部"，单击"添加"按钮，在"自定义序列"列表框中会出现新的序列。最后单击"确定"按钮。在 H2 单元格中输入"销售一部"，选中 H2 单元格，将鼠标指针移动到 H2 单元格右下角位置，此时鼠标指针会变成小十字形状，按住鼠标左键向下拖动填充柄，到 H16 单元格，释放鼠标左键。

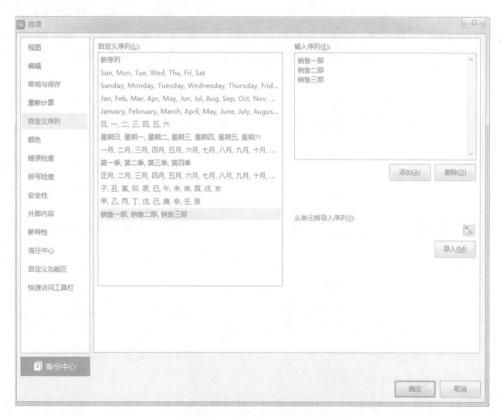

图 4-4　"选项"对话框

【例4.2】打开素材文件夹下的"数据录入2.et"文件,按如下要求完成数据的录入。

(1)在Sheet1工作表中,如图4-5所示样张,在C2:C12单元格区域制作下拉菜单,菜单项"男""女",当输入其他内容时则弹出提示信息"数据只能为男或女,请重新输入!"。

(2)在D2:D12单元格区域制作下拉菜单,菜单项"团员""预备党员""党员",当输入其他内容时则弹出提示信息"输入信息错误,请重新输入!"。

(3)在E2:F12单元格区域制作下拉菜单,限制数据格式为小数,范围为0到100的数字。当录入超出范围时,提示"只能输入0到100的数字,请重新输入!"。

(4)录入结束,以原文件名保存文件。

(5)以文件名"数据验证.et"另存到素材文件夹下。

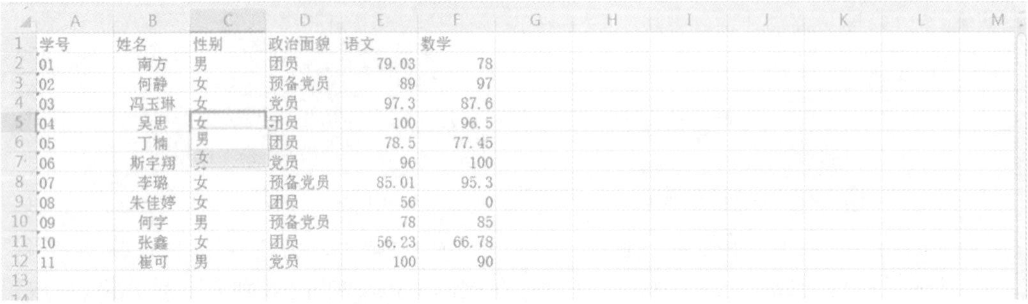

	A	B	C	D	E	F
1	学号	姓名	性别	政治面貌	语文	数学
2	01	南方	男	团员	79.03	78
3	02	何静	女	预备党员	89	97
4	03	冯玉琳	女	党员	97.3	87.6
5	04	吴思	女	团员	100	96.5
6	05	丁楠	男	团员	78.5	77.45
7	06	斯宇翔	女	党员	96	100
8	07	李璐	女	预备党员	85.01	95.3
9	08	朱佳婷	女	团员	56	0
10	09	何宇	男	预备党员	78	85
11	10	张鑫	女	团员	56.23	66.78
12	11	崔可	男	党员	100	90

图4-5 例4.2样张

【解】具体操作步骤如下:

(1)打开素材文件下的"数据录入2.et"工作簿,选择Sheet1工作表,选中C2:C12单元格。单击"数据"选项卡中的"有效性"下拉按钮,在下拉列表中选择"有效性"命令,弹出"数据有效性"对话框,如图4-6所示,在"设置"选项卡中,设置"允许(A)"为"序列"。在"来源"框内输入"男,女"(注意:中间逗号为英文状态下)。切换到"出错警告"选项卡,如图4-7所示,"样式"选择警告标志,在"标题"框内输入"数据错误",在"错误信息"框内输入"数据只能为男或女,请重新输入!"。最后单击"确定"按钮。按照样张,输入性别信息。

图4-6 "数据有效性"对话框1

图4-7 "数据有效性"对话框2

(2)"政治面貌"有效性设置同步骤(1)。

(3)选中E2:F12单元格区域,打开"数据有效性"对话框,如图4-8所示,在"设置"选项卡中,设置"允许"为"小数","数据"为"介于",在"最小值"框内输入0,"最大值"框内输入100。切换到"出错警告"选项卡,如图4-9所示,在"标题"框内输入"输入有误",在"错误信息"框内输入"只能输入0到100的数字,请重新输入！"。最后单击"确定"按钮。按照样张，输入语文和数学成绩。

图 4-8　"数据有效性"对话框 3

图 4-9　"数据有效性"对话框 4

【例 4.3】打开实验素材文件夹下的"学生成绩表.et"文件，在 Sheet1 中，按如下要求操作。

（1）在"刘倩"记录前面添加"田华"的记录"08、田华、会计学院、男、77、68、80"。

（2）删除"王丽"的整条记录。修改"谢伟"的记录，学院改为"会计学院"。刘倩的学号改为"09"。

（3）在"学院"列右侧增加一列"专业名称"，并按照图 4-10 所示样张填充数据。

（4）合并 A1:H1 单元格区域，标题文字设置为"黑体、字号 18、加粗"，对齐方式为水平居中、垂直居中。

（5）给工作表添加边框线，外框为粗线，内框为细线；给"姓名"所在的标题行添加"黄色"底纹。

（6）对"数学、英语、计算机"三门课不及格的成绩设置格式，颜色为"红色"（标准色），加粗倾斜，单元格底纹设置图案样式为"12.5% 灰度"，图案颜色为"蓝色"（标准色）。

（7）修改 Sheet1 工作表名称为"学生成绩"。

（8）以原文件名保存文件。

	学生成绩表						
学号	姓名	学院	专业名称	性别	数学	英语	计算机
01	谢伟	会计学院	营销	男	70		75
03	林梅	体育学院	社会体育	男	89	77	92
04	胡潇	体育学院	体育教育	男	90	71	86
05	余杰	体育学院	社会体育	男	96	72	85
06	余苗苗	文学院	秘书	女		70	90
07	王红	文学院	汉语言文学	女	65		72
08	田华	会计学院	营销	男	77	68	80
09	刘倩	会计学院	营销	女	92	83	

图 4-10　例 4.3 样张

【解】具体操作步骤如下：

（1）打开素材文件夹下的"学生成绩表.et"文件。在 Sheet1 工作表中，在"刘倩"所在的行号上右击，在弹出的快捷菜单中选择"插入"命令，然后在新插入的空行中，输入"田华、会计学院、男、77、68、80"数据内容。

（2）在"王丽"所在的行号上右击，在弹出的快捷菜单中选择"删除"命令，即可删除该行数据内容。找到"谢伟"所在行，双击"体育学院"所在的单元格，然后将"体育学院"改成"会计学院"，同样修改刘倩的学号为"09"。

（3）在"性别"所在列的列号上右击，在弹出的快捷菜单中选择"插入"命令，这时，会在"性别"列左侧插入一空列，在 D2 单元格中输入"专业名称"内容，按照样张在下面的单元格中输入每个同学的专业名称。

（4）选中 A1:H1 单元格区域，单击"开始"选项卡中的"合并居中"下拉按钮，在下拉列表中选择"合并单元格"命令,如图 4-11 所示。然后在"开始"选项卡中分别单击"水平对齐"和"垂直对齐"按钮。单击"开始"选项卡中的"字体"下拉按钮,选择字体为黑体、选择字号为 18,再单击"加粗"按钮。

图 4-11 合并居中操作

(5)选中 A1:H10 单元格区域,在选中的区域中右击,在弹出的快捷菜单中选择"设置单元格格式"命令,弹出"单元格格式"对话框,切换到"边框"选项卡,如图 4-12 所示,在线条下面的样式框中选择粗线样式,然后在预置下面的选项中,单击"外边框"按钮,按照同样的方法,再选择细线样式,单击预置下面的"内部"按钮,单击"确定"按钮。选中"姓名"所在行的数据区域,再次打开"单元格格式"对话框,切换到"图案"选项卡,在单元格底纹下面的颜色区域中,设置颜色为"黄色"。最后,单击"确定"按钮。

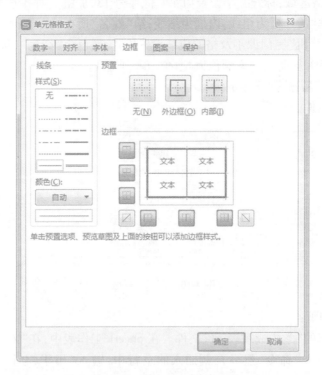

图 4-12 "单元格格式"对话框

(6)选中 F3:H10 单元格区域,单击"开始"选项卡中的"条件格式"下拉按钮,在下拉列表中选择"突出显示单元格规则"下面的"小于"命令,如图 4-13 所示。打开"小于"对话框,在数据框中输入"60",在"设置为"下拉列表中选择"自定义格式"选项,如图 4-14 所示,在打开的"单元格格式"对话框中,单击"字体"选项卡,设置字形为加粗倾斜和颜色为标准颜色中的红色,切换到"图案"选项卡,设置图案样式为 12.5% 灰色和图案颜色为标准颜色中的蓝色,如图 4-15 所示。

(7)在工作表名称 Sheet1 上右击,在弹出的快捷菜单中选择"重命名"命令,输入"学生成绩",如图 4-16 所示。

图 4-13　条件格式操作

图 4-14　"小于"对话框

图 4-15　"单元格格式"对话框

图 4-16　工作表重命名操作

(8)单击快速访问工具栏中的"保存"按钮。

【例 4.4】打开素材文件夹下的"工资表.et"文件,在 Sheet1 中,按如下要求操作。

(1)标题文字设置为:黑体、字号 22、加粗;表头"序号"所在行的文字格式设置为:楷体、字号 14,红色(标准色)。

(2)将标题在 A1:K1 单元格区域合并居中,表头"序号"所在行的文字内容对齐方式为水平居中、垂直居中。

(3)标题行行高为 30,表头行行高为 22,"姓名"列的列宽为 11,其他列的列宽为"自动调整列宽"。

(4)设置"基本工资""工龄工资""年终奖金""实发工资"列的格式为:货币型,保留 1 位小数,货币符号为" $ ";"出生日期"列的格式设置为"2001 年 3 月 7 日",并适当增加出生日期的列宽,如图 4-17 所示样张。

(5)除大标题外,给工作表添加边框线,外框为双细线,蓝色;内框为单细线,红色、表头"序号"所在行的下边框线为双细线,红色;给大标题行添加"黄色"底纹;给表头"序号"所在的行添加"浅绿色"底纹(颜色均为标准色)。

(6)对"实发工资"前三名的单元格,设置字体颜色为"黄色"(标准色),底纹设置为"红色"(标准色)。

(7)将 Sheet1 工作表改名为"员工工资表",工作表标签颜色为"蓝色"(标准色)。

(8)以原文件名保存文件。

(9)以"w1.et"为文件名另存到素材文件夹下。

图4-17　例4.4样张

【解】具体操作步骤如下：

(1)打开素材文件夹下的"工资表.et"文件,在"Sheet1"工作表中,选中A1单元格,在"开始"选项卡中,设置字体为黑体,字号为22、字形为加粗,如图4-18所示;选中A2:I2单元格区域,设置为:楷体、14、红色(标准色)。

图4-18　字体设置

(2)选中A1:I1单元格区域,在"开始"选项卡中,单击"合并居中"按钮;选中A2:I2单元格,分别单击"水平居中"和"垂直居中"两个按钮。

(3)在标题行的行号上右击,在弹出的快捷菜单中选择"行高"命令,打开"行高"对话框,输入行高值30磅,单击"确定"按钮,如图4-19所示。用同样的方法,设置表头行高为22磅。在"姓名"列的列号上右击,在弹出的快捷菜单中,选择"列宽"命令,打开"列宽"对话框,输入列宽为11字符,如图4-20所示。选中其他列(在列号上拖动鼠标可选中多列),在"开始"选项卡中,单击"行和列"下拉按钮,在下拉列表中选择"最适合的列宽"命令,如图4-21所示。

图4-19　"行高"对话框　　　图4-20　"列宽"对话框　　　图4-21　最适合列宽设置

(4)选中F3:I15单元格区域,在选中的区域中右击,在弹出的快捷菜单中,选择"设置单元格格式"命令,打开"单元格格式"对话框,选择"数字"选项卡,设置工资格式为"货币"、小数位数为1、货币符号选择"$",如图4-22所示。选中E3:E15单元格区域,用同样的方法设置日期格式,如图4-23所示。

图 4-22　设置工资格式

图 4-23　设置日期格式

（5）选中 A2∶I15 单元格区域，在选中的区域中右击，在弹出的快捷菜单中，选择"设置单元格格式"命令，打开"单元格格式"对话框，切换到"边框"选项卡，如图 4-24 所示，选择"双细线"样式，设置线条颜色为"蓝色"，在"预置"下面的选项中，单击"外边框"按钮，按照同样的方法，设置内部框线，最后单击"确定"按钮。再选中表头单元格，再次打开"单元格格式"对话框，切换到"边框"选项卡，选择"双细线"样式，颜色设置为"红色"，在"边框"下面的选项中，单击"下框线"按钮，最后单击"确定"按钮。选中 A1 单元格，同样打开"单元格格式"对话框，如图 4-25 所示，切换到"图案"选项卡，在单元格底纹下面的颜色区域中，单击"黄色"颜色块，单击"确定"按钮，按照相同的方法，设置第二行数据区域的底纹为"浅绿色"。

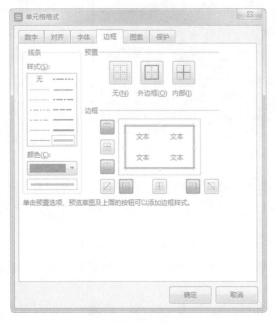

图 4-24　设置边框

图 4-25　设置单元格底纹

（6）选中 I3∶I15 单元格区域，在"开始"选项卡中，单击"条件格式"下拉按钮，在下拉列表中选择"项目选取规则"下面的"前 10 项"命令，打开"前 10 项"对话框，如图 4-26 所示。在文本框中输入"3"，在"设置为"下拉列表框中选择"自定义格式"，接着在打开的"单元格格式"对话框中，单击"字体"选项卡，设置字体颜色为"黄色"。再单击"图案"选项卡,设置颜色为"红色"(标准色),单击"确定"按钮,再次单击"确定"按钮。

(7)在 Sheet1 工作表名称上右击,在弹出的快捷菜单中,选择"重命名"命令,然后输入"工资表",按【Enter】键确认。在"工资表"上右击,在快捷菜单中,设置"工作表标签颜色"为蓝色。

图 4-26　"前 10 项"对话框

(8)单击"快速访问工具栏"中的"保存"按钮。

(9)选择"文件"→"另存为"命令,打开"另存为"对话框,在文件名框中输入文件名"w1",文件类型选择"WPS 表格文件",单击"保存"按钮。

四、实验内容

【练习 4.1】打开素材文件夹下的"作业 1. et"工作簿,按如下要求操作。

(1)编辑 Sheet1 工作表,在第一行前插入 2 行,行高均为 30 磅,并在 A1 单元格中输入标题:"才艺比赛成绩汇总表",设置标题文字为隶书,20 磅,合并后居中 A1:K1 单元格区域。

(2)填充 D3:J3 单元格,内容依次为:Round1、Round2、Round3…、Round7,如图 4-27 所示。

(3)填充"班级"列数据:B4:B18 区域填充"艺术 121";B19:B31 区域填充"艺术 122";B32:B44 区域填充"艺术 123"。

(4)删除"最后得分"列。

(5)将 D4:J44 区域的单元格数字格式设置为数值,保留 2 位小数。

(6)设置表格 A3:J44 的外框线为:双线、蓝色,内框线为:虚线(第一种)、深红;底纹填充为浅绿色。

(7)重命名 Sheet1 为"成绩汇总",新建 Sheet2、Sheet3 工作表,并将"成绩汇总"工表中的 A3:J44 单元格,复制到 Sheet2 和 Sheet3 工作表中。

(8)保存文件。

图 4-27　练习 4.1 样张

【练习 4.2】打开素材文件夹下的"作业 2. et"工作簿,参照样图,在 Sheet1 工作表中完成以下操作。

(1)设置行高与列宽:第 1 行为 30 磅,第 2～10 行为 20 磅;第 1 列为 5 字符,第 2 列为 7 字符,第 4 列为最适合列宽,第 5～9 列为 5 字符。

(2)将单元格区域 A1:I1 合并为一个单元格,且水平居中与垂直顶端对齐,如图 4-28 所示。

(3)设置单元格内容格式:第 1 行为黑体、18 磅、加粗;第 2 行为微软雅黑、13 磅、水平居中显示;其他文字:楷体、13 磅。

(4)设置单元格边框与底纹:外边框与第 1 行下边框为粗线,内边框为细线;第 1 行填充效果为双色(红色和黄色)、样式为中心辐射;第 2 行图案样式为 25% 灰色、图案颜色为"矢车菊蓝,着色 1,浅色 60%";其他行为"白色,背景 1,深色 15%"。

(5)重命名 Sheet1 工作表为"成绩表"。

(6)保存文件。

图 4-28　练习 4.2 样张

实验 4-2　公式与函数（1）

一、实验目的

（1）学习单元格的引用方法。

（2）掌握公式的表达方法。

（3）掌握创建和复制公式的方法。

（4）熟练常用函数的使用方法。

二、相关知识点微课

算术运算		关系运算和选择性粘贴	
文本运算和运算符的优先级		单元格引用	

三、实验示例

【例 4.5】打开实验素材文件夹下的"成绩表. et"文件，按如下要求操作。

（1）在 Sheet1 工作表中，公式计算"总分"列，即三门课的总成绩（使用 SUM 函数）。

（2）合并 A63:B63 单元格区域，输入"单科平均成绩"，分别计算 3 门课的平均成绩（使用 AVERAGE 函数）。

（3）根据"数学""语文"列数据，用公式填充"分班"列。满足数学 > 语文的分到"理科班"，其余分到"文科班"（使用 IF 函数），如图 4-29 所示。

（4）设置"总分"列的数据格式为数值型，负数选择第 4 种，无小数位数。设置"各科平均成绩"行的数据格式为数值型，负数选择第 1 种，保留 1 位小数。

（5）保存文件。

【解】具体操作步骤如下：

（1）打开素材文件夹下的"成绩表. et"工作簿。选择 Sheet1 工作表，选择 F2 单元格，在编辑栏中，单击"插入函数"按钮 *fx*，打开"插入函数"对话框，如图 4-30 所示，函数类别默认为"常用函数"，在"选择函数"列表框中，双击 SUM 函数或单击 SUM 函数后单击"确定"按钮，打开"函数参数"对话框，如图 4-31 所示。选中 C2:E2 单元格区域，这时会在"数值 1"框中显示参数：C2:E2，单击"确定"按钮。然后把鼠标指针移到 F2 单元格右下角填充柄处,此时指针变为小十字形状,按住鼠标左键不放向下拖动填充柄至 F61 单元格,释放鼠标,则自动复制了公式并出现计算结果。

图 4-29　例 4.5 样张

说明:

在函数和公式计算中,单元格数据区域可以手动输入,也可以用鼠标直接在工作表中拖选相应的数据区域。

图 4-30　"插入函数"对话框

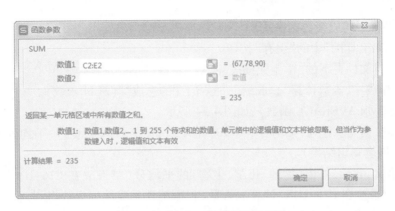

图 4-31　SUM"函数参数"对话框

（2）选中 A63：B63 单元格区域，在"开始"选项卡中，单击"合并居中"按钮，然后输入"单科平均分"，选择 C63 单元格，单击"插入函数"按钮，打开"插入函数"对话框，在常用函数列表框中，双击 AVERAGE 函数或单击 AVERAGE 函数后单击"确定"按钮，打开"函数参数"对话框，如图 4-32 所示。选中 C2：C61 单元格区域，单击"确定"按钮，然后将鼠标指针移到 C63 右下角填充柄处，指针变为小十字形状向右拖动填充柄，可求出其他科目平均分。

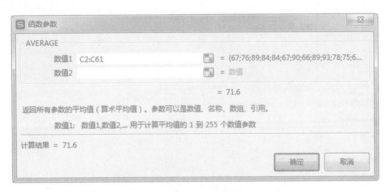

图 4-32　AVERAGE"函数参数"对话框

（3）选择 G2 单元格，按照上述方法，打开"插入函数"对话框，在常用函数列表框中，选择 IF 函数，单击"确定"按钮，弹出"函数参数"对话框，如图 4-33 所示。设置"测试条件"为：C2＞D2；在"真值"框中，输入：理科班；在"假值"框中，输入：文科班。最后单击"确定"按钮。然后把鼠标放在 G2 单元格右下角填充柄处，向下拖动填充柄（或双击）分别填充其他分班情况。

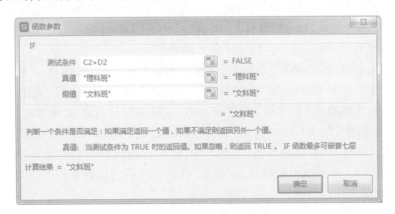

图 4-33　IF"函数参数"对话框

（4）选中总分列数据，在选中区域中右击，在弹出的快捷菜单中，选择"设置单元格格式"命令，打开"单元格格式"对话框，切换到"数字"选项卡，设置总分格式为：数值型，负数选择第 4 种，小数位数设置为 0。使用同样的方法,设置各科平均成绩数据格式。

(5)单击“快速访问工具栏”中的“保存”按钮。

【例4.6】打开素材文件夹下的“学生成绩表.et”文件,按如下要求操作。

(1)在Sheet1工作表中,函数计算“总成绩”,即六门课的总成绩(SUM函数)。

(2)计算“平均分”列(AVERAGE函数),如图4-34所示。

(3)根据平均分列,填充总评列,平均分>=90,优秀;平均分>=80,良好;平均分>=60,及格;否则,不及格(使用IF函数嵌套得出结果)。

(4)计算每科(语文、数学、外语、物理、化学、生物)的平均分(结果放在C16:H16),最高分(结果放在C17:H17),最低分(结果放在C18:H18)计算总人数(根据统计总成绩列个数得到,结果放在C19),不及格人数(使用COUNTIF函数统计总评列得到,结果放在D20单元格)。

(5)保存文件。

	A	B	C	D	E	F	G	H	I	J	K	L
1	学生成绩表											
2	学号	姓名	性别	语文	数学	外语	物理	化学	生物	总成绩	平均分	总评
3	351049	王为	男	95	93	94	93	75	81	531	88.5	良好
4	351029	张可新	男	89	94	99	98	80	83	543	90.5	优秀
5	351041	许佳	女	85	93	92	81	79	92	522	87.0	良好
6	351033	马滕飞	男	68	91	76	86	83	67	471	78.5	及格
7	351014	韩文博	男	92	89	90	67	76	78	492	82.0	良好
8	351027	王雪	女	82	87	95	90	74	85	513	85.5	良好
9	351052	赵玉起	女	88	92	93	90	99	79	541	90.2	优秀
10	351011	李晓玉	女	98	65	88	57	86	88	482	80.3	良好
11	351026	刘浩	男	91	92	86	79.5	73	89	510.5	85.1	良好
12	351047	张一成	男	80	55	96	78	85	64	458	76.3	及格
13	351046	张涵	女	70	92	93	86	84	80	505	84.2	良好
14	351043	刘民乐	男	60	50	60	69	60	58	357	59.5	不及格
15												
16		平均分	83.17	82.75	88.5	81.21	79.5	78.67				
17		最高分	98	94	99	98	99	92				
18		最低分	60	50	60	57	60	58				
19		总人数	12									
20		不及格人数		1								
21												

图4-34 例4.6样张

【解】具体操作步骤如下:

(1)打开素材文件夹下的“学生成绩表.et”工作簿。选择Sheet1工作表,在J3单元格中输入公式“=SUM(D3:I3)”并按【Enter】键。选中J3单元格,将鼠标指针移到J3单元格右下角填充柄处,指针变为小十字形状,向下拖动填充柄至J14单元格,释放鼠标,则自动复制了公式并出现计算结果。

(2)在K3单元格中输入公式“=AVERAGE(D3:I3)”并按【Enter】键。选中K3单元格,将鼠标指针移到K3单元格右下角填充柄处,拖动填充柄至K14单元格。

(3)选中L3单元格,打开“插入函数”对话框,在常用函数列表框中,选择IF函数,单击“确定”按钮,打开“函数参数”对话框,如图4-35所示。在“测试条件”框中,输入:K3>=90;在“真值”框中输入:优秀,将光标定位于“假值”框内,单击编辑栏“名称框”中的IF函数,这时会打开嵌套IF函数的“函数参数”对话框,如图4-36所示,设置“测试条件”为:K3>=80,在“真值”框内输入:良好,将光标定位于“假值”框内,再次单击“名称框”中的IF函数。在打开的“函数参数”对话框中,依次在测试条件框内输入:K3>=60,在真值框内输入:及格,在假值框内输入:不及格。最后单击“确定”按钮。然后将鼠标移到L3单元格右下角填充柄处,向下拖动(或双击)分别填充其他总评。

另外一种方法是在L3单元格中直接输入公式:

=IF(K3>=90,"优秀",IF(K3>=80,"良好",IF(K3>=60,"及格","不及格"))),按【Enter】键。

(4)计算每科的平均分、最高分、最低分、计算总人数和不及格人数。

①选中C16单元格,输入公式:=AVERAGE(D3:D14),按【Enter】键,选中C16单元格,将鼠标指针移动

到 C16 单元格右下角填充柄处,向右拖动至 H16 单元格。

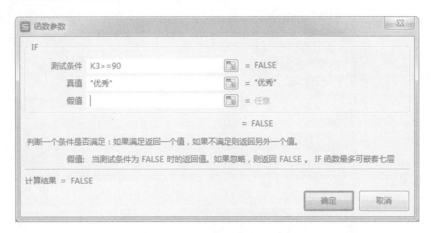

图 4-35 IF"函数参数"对话框

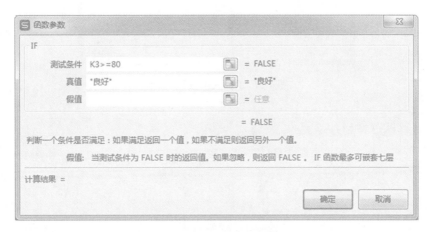

图 4-36 IF"函数参数"对话框

②选中 C17 单元格,输入公式:= MAX(D3:D14),按【Enter】键,选中 C17 单元格,将鼠标指针移动到 C17 单元格右下角填充柄处,向右拖动至 H17 单元格。计算最低分使用 MIN 函数(方法同求最大值)。

③选择 C19 单元格,输入公式:= COUNT(J3:J14),并按【Enter】键。

④选择 D20 单元格,打开"插入函数"对话框,如图 4-37 所示,选择类别为"全部",在下面的函数列表中选择 COUNTIF 函数,单击"确定"按钮,打开"函数参数"对话框,如图 4-38 所示,在"区域"框内输入:L3:L14,在"条件"框内输入:不及格。最后单击"确定"按钮。

另外一种方法是在 D20 单元格中直接输入公式:= COUNTIF(L3:L14,"不及格"),按【Enter】键。

(5)单击快速访问工具栏中的"保存"按钮。

【例 4.7】打开素材文件夹下的"工资表. et"文件,按如下要求操作。

(1)在第一行前插入 1 行,并在 A1 单元格内输入文本"出勤状况表",设置为黑体、28 磅,合并居中 A1:M1 单元格区域。

(2)将"基本工资""缺勤捐款""出勤奖金"列的数据区域设置为"货币"型,无小数,货币符号"￥"。

(3)根据"职位"列用公式填充"基本工资"列,经理的基本工资为 4500,副经理为 4000,组长为 3800,普通员工为 3000。

(4)用公式计算"缺勤日数"列,缺勤日数 = 事假数 + 病假数 + 早退数 + 旷工数。

(5)用公式计算"缺勤扣款"列,缺勤扣款 = 基本工资/21.75 × 缺勤日数。

(6)用公式计算"出勤奖金"列,若无缺勤为 400,否则为 0,如图 4-39 所示。

(7)保存文件。

图 4-37　"插入函数"对话框

图 4-38　"函数参数"对话框

	A	B	C	D	E	F	G	H	I	J	K	L	M
1	出勤状况表												
2	员工编号	员工姓名	所属部门	职位	基本工资	事假数	病假数	迟到数	早退数	旷工数	缺勤日数	缺勤扣款	出勤奖金
3	00Z01	王丽	行政部	经理	¥4,500						0	¥0	¥400
4	00Z02	陈强	行政部	组长	¥3,800			3		1	1	¥175	¥0
5	00Z03	张晓晓	行政部	普通员工	¥3,000		1				1	¥138	¥0
6	00Z04	刘磊	行政部	普通员工	¥3,000						0	¥0	¥400
7	00Z05	冯勤	行政部	普通员工	¥3,000			1			0	¥0	¥400
8	00Z06	王晓	销售部	经理	¥4,500	1					1	¥207	¥0
9	00Z07	陈白	销售部	组长	¥3,800				1		1	¥175	¥0
10	00Z08	刘雨晴	销售部	普通员工	¥3,000			2			0	¥0	¥400
11	00Z09	刘艾嘉	销售部	普通员工	¥3,000						0	¥0	¥400
12	00Z10	张平	销售部	普通员工	¥3,000						0	¥0	¥400
13	00Z11	邱恒	销售部	普通员工	¥3,000						0	¥0	¥400
14	00Z12	林嘉欣	销售部	普通员工	¥3,000	1		3			1	¥138	¥0
15	00Z13	王一	销售部	副经理	¥4,000						0	¥0	¥400
16	00Z14	张安	销售部	组长	¥3,800						0	¥0	¥400
17	00Z15	戴青	销售部	普通员工	¥3,000						0	¥0	¥400
18	00Z16	李丽	销售部	普通员工	¥3,000		2	5		2	4	¥552	¥0
19	00Z17	李萍	销售部	普通员工	¥3,000						0	¥0	¥400
20	00Z18	王卿	销售部	组长	¥3,800						0	¥0	¥400
21	00Z19	陈白露	销售部	普通员工	¥3,000	3					3	¥414	¥0
22	00Z20	刘娟	销售部	普通员工	¥3,000						0	¥0	¥400
23	00Z21	张飞飞	销售部	普通员工	¥3,000						0	¥0	¥400
24	00Z22	杨朱	工程部	经理	¥4,500						0	¥0	¥400
25	00Z23	杨忠	工程部	组长	¥3,800						0	¥0	¥400
26	00Z24	薛琳	工程部	普通员工	¥3,000	2					2	¥276	¥0
27	00Z25	李婷婷	工程部	普通员工	¥3,000			5			0	¥0	¥400
28	00Z26	艾青	工程部	普通员工	¥3,000						0	¥0	¥400
29	00Z27	梁凡	工程部	普通员工	¥3,000		1				1	¥138	¥0
30	00Z28	丁成	工程部	普通员工	¥3,000						0	¥0	¥400
31	00Z29	钟林	工程部	普通员工	¥3,000				1		1	¥138	¥0
32	00Z30	李金	工程部	普通员工	¥3,000	1					1	¥138	¥0

Sheet1 +

图 4-39　例 4.7 样张

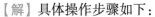

【解】具体操作步骤如下：

(1)打开素材文件夹下的“工资表.et”工作簿。选择Sheet1工作表,选中第一行后右击,在快捷菜单中选择“插入”命令(行数默认为1),在第一行之前插入一空行。选中A1单元格,输入标题“出勤状况表”,按【Enter】键确认。选中A1单元格,在“开始”选项卡中设置字体格式为黑体、28磅。选中A1:M1单元格区域,单击“合并居中”按钮。

(2)按住【Ctrl】键分别选中E列、L列、M列三列,打开“单元格格式”对话框,切换到“数字”选项卡,在分类列表框中,选择“货币”格式,在右侧设置小数位数为0,货币符号为“￥”。

(3)选择E3单元格,在单元格中输入公式:=IF(D3="经理",4500,IF(D3="副经理",4000,IF(D3="组长",3800,3000))),并按【Enter】键。选中E3单元格,然后把鼠标指针移到E3单元格右下角填充柄处,此时指针变为小十字形状,按住鼠标左键不放向下拖动填充柄至E50单元格,释放鼠标,则自动复制了公式并出现计算结果(本题也可以用插入函数方法完成)。

(4)选择K3单元格,输入公式:=F3+G3+I3+J3,并按【Enter】键。然后把鼠标指针移动到K3单元格右下角填充柄处,向下拖动(或双击),可求出其他记录的缺勤日数。

(5)选择L3单元格,输入公式:=E3/21.75*K3,并按【Enter】键,选中L3单元格,然后把鼠标指针移动到L3单元格右下角填充柄处,向下拖动(或双击),可求出其他记录的缺勤扣款。

(6)选择M3单元格,输入公式:=IF(K3=0,400,0),并按【Enter】键,选中M3单元格,然后将鼠标指针移动到M3单元格右下角填充柄处,向下拖动(或双击),则自动复制了公式并出现计算结果。

(7)单击快速访问工具栏中的“保存”按钮。

【例4.8】打开素材文件夹下的“图书销售表.et”文件,按如下要求操作。

(1)根据图书编号,请在“订单明细表”工作表的“图书名称”列中,使用VLOOKUP函数完成图书名称的自动填充,“图书名称”和“图书编号”的对应关系在“编号对照”工作表中。

(2)根据图书编号,请在“订单明细表”工作表的“单价”列中,使用VLOOKUP函数完成图书单价的自动填充,“单价”和“图书编号”的对应关系在“编号对照”工作表中。

(3)在“订单明细表”工作表的“小计”列中,计算每笔订单的销售额。

(4)根据“订单明细表”工作表中的销售数据,统计所有订单的总销售金额并将其填写在“统计报告”工作表的B3单元格中,如图4-40所示。

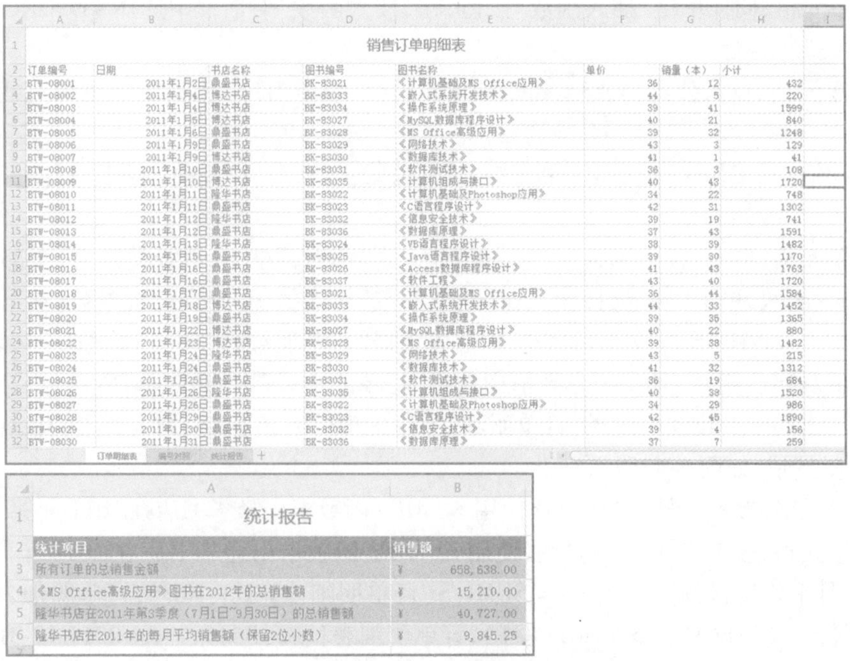

销售订单明细表

订单编号	日期	书店名称	图书编号	图书名称	单价	销量（本）	小计
BTW-08001	2011年1月2日	鼎盛书店	BK-83021	《计算机基础及MS Office应用》	36	12	432
BTW-08002	2011年1月4日	博达书店	BK-83033	《嵌入式系统开发技术》	44	5	220
BTW-08003	2011年1月4日	博达书店	BK-83034	《操作系统原理》	39	41	1599
BTW-08004	2011年1月5日	博达书店	BK-83027	《MySQL数据库程序设计》	40	21	840
BTW-08005	2011年1月6日	鼎盛书店	BK-83028	《MS Office高级应用》	39	32	1248
BTW-08006	2011年1月9日	鼎盛书店	BK-83029	《网络技术》	43	3	129
BTW-08007	2011年1月9日	博达书店	BK-83030	《数据库技术》	41	1	41
BTW-08008	2011年1月10日	鼎盛书店	BK-83031	《软件测试技术》	36	3	108
BTW-08009	2011年1月10日	博达书店	BK-83035	《计算机组成与接口》	40	43	1720
BTW-08010	2011年1月11日	隆华书店	BK-83022	《计算机基础及Photoshop应用》	34	22	748
BTW-08011	2011年1月11日	鼎盛书店	BK-83023	《C语言程序设计》	42	31	1302
BTW-08012	2011年1月12日	隆华书店	BK-83032	《信息安全技术》	39	19	741
BTW-08013	2011年1月12日	鼎盛书店	BK-83036	《数据库原理》	37	43	1591
BTW-08014	2011年1月13日	隆华书店	BK-83024	《VB语言程序设计》	38	39	1482
BTW-08015	2011年1月15日	鼎盛书店	BK-83025	《Java语言程序设计》	39	30	1170
BTW-08016	2011年1月16日	鼎盛书店	BK-83026	《Access数据库程序设计》	41	43	1763
BTW-08017	2011年1月16日	鼎盛书店	BK-83037	《软件工程》	43	40	1720
BTW-08018	2011年1月17日	鼎盛书店	BK-83021	《计算机基础及MS Office应用》	36	44	1584
BTW-08019	2011年1月18日	博达书店	BK-83033	《嵌入式系统开发技术》	44	33	1452
BTW-08020	2011年1月19日	鼎盛书店	BK-83034	《操作系统原理》	39	35	1365
BTW-08021	2011年1月22日	博达书店	BK-83027	《MySQL数据库程序设计》	40	22	880
BTW-08022	2011年1月23日	博达书店	BK-83028	《MS Office高级应用》	39	38	1482
BTW-08023	2011年1月24日	隆华书店	BK-83029	《网络技术》	43	5	215
BTW-08024	2011年1月24日	鼎盛书店	BK-83030	《数据库技术》	41	32	1312
BTW-08025	2011年1月25日	鼎盛书店	BK-83031	《软件测试技术》	36	19	684
BTW-08026	2011年1月26日	隆华书店	BK-83035	《计算机组成与接口》	40	38	1520
BTW-08027	2011年1月26日	鼎盛书店	BK-83022	《计算机基础及Photoshop应用》	34	29	986
BTW-08028	2011年1月29日	鼎盛书店	BK-83023	《C语言程序设计》	42	45	1890
BTW-08029	2011年1月30日	鼎盛书店	BK-83032	《信息安全技术》	39	4	156
BTW-08030	2011年1月31日	鼎盛书店	BK-83036	《数据库原理》	37	7	259

统计报告

统计项目	销售额
所有订单的总销售金额	￥ 658,638.00
《MS Office高级应用》图书在2012年的总销售额	￥ 15,210.00
隆华书店在2011年第3季度（7月1日~9月30日）的总销售额	￥ 40,727.00
隆华书店在2011年的每月平均销售额（保留2位小数）	￥ 9,845.25

图4-40 例4.8样张

（5）根据"订单明细表"工作表中的销售数据，统计《MS Office 高级应用》图书在 2012 年的总销售额，并将其填写在"统计报告"工作表的 B4 单元格中。

（6）根据"订单明细表"工作表中的销售数据，统计隆华书店在 2011 年第 3 季度的总销售额，并将其填写在"统计报告"工作表的 B5 单元格中。

（7）根据"订单明细表"工作表中的销售数据，统计隆华书店在 2011 年的每月平均销售额（保留 2 位小数），并将其填写在"统计报告"工作表的 B6 单元格中。

（8）保存文件。

【解】具体操作步骤如下：

（1）打开素材文件夹下的"图书销售表.et"工作簿，选择"订单明细表"工作表，选择 E3 单元格，输入公式：= VLOOKUP(D3,编号对照! ＄A＄3:＄C＄19,2,FALSE)按【Enter】键。双击 E3 单元格右下角填充柄完成图书名称的自动填充。

另外一种方法是通过单击编辑栏中的"插入函数"按钮，在"插入函数"对话框中，选择 VLOOKUP 函数。在"函数参数"对话框中分别设置参数，如图 4-41 所示。

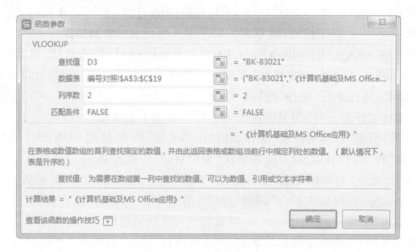

图 4-41　函数参数对话框

（2）选择 F3 单元格，同样单击"插入函数"按钮，在"插入函数"对话框中选择 VLOOKUP 函数在"函数参数"对话框中分别设置参数。

（3）选择 H3 单元格，输入公式：= F3 * G3，按【Enter】键，双击 H3 单元格右下角填充柄完成图书名称的自动填充。

（4）选择"统计报告"工作表，选择 B3 单元格，输入公式：= SUM(订单明细表! H3:H636)，按【Enter】键完成计算。

（5）选择 B4 单元格，单击"插入函数"按钮，在"插入函数"对话框中，选择类别为"全部"，在下面的函数列表中选择 SUMIFS 函数，单击"确定"按钮。在"函数参数"对话框中，分别设置参数，在第 1 个参数框中选择"订单明细表"中的 H3:H636 区域；第 2 个参数框中选择"订单明细表"中的 E3:E636 区域；第 3 个参数框中输入"《MS Office 高级应用》"；第 4 个参数框中选择"订单明细表"中的 B3:B636 区域；第 5 个参数框中输入"＞=2012-1-1"；第 6 个参数框中选择"订单明细表"中的 B3:B636 区域；第 7 个参数框中输入"＜=2012-12-31"；单击"确定"按钮，如图 4-42 所示。

（6）选择 B5 单元格，参考步骤（5）的方法使用 SUMIFS 函数求出隆华书店在 2011 年第 3 季度的销售额。

（7）选择 B6 单元格，参考步骤（5）的方法使用 SUMIFS 函数求出隆华书店在 2011 年的总销售额，然后再除以 12，即可出月平均销售。公式为：= SUMIFS(订单明细表! H3:H636,订单明细表! C3:C636,"隆华书店",订单明细表! B3:B636,"＞=2011-1-1",订单明细表! B3:B636,"＜=2011-12-31")/12。

（8）单击快速访问工具栏中的"保存"按钮。

图 4-42　函数参数对话框

四、实验内容

【练习 4.3】打开素材文件夹下的"作业 1.et"文件,在 Sheet1 工作表中按如下要求操作。

(1)用公式填充每名学生的附加分,"附加分"取 4 次练习的最高分,即练习 1、练习 2、练习 3、练习 4 中的最高分。

(2)用公式计算"平时成绩",平时成绩 = 作业 1 + 作业 2 + 作业 3 + 附加分 + 考勤。

(3)根据"平时成绩"列填充"层次"列,三个档次:平时成绩 > = 90 为"优秀",平时成绩 > = 60 为"及格",60 分以下为"不及格"。

(4)根据"平时成绩"列数据,在 E16、E17 单元格利用公式统计出"不及格人数""优秀率",并设置 E17 单元格为百分比样式,无小数。

(5)保存文件。

【练习 4.4】打开素材文件夹下的"作业 2.et"文件,在 Sheet1 工作表中按如下要求操作。

(1)计算每年各项税收总额的合计值,结果填入 I2:I11 区域的相应单元格中。

(2)计算各个税种的历年平均值和合计值,结果填入 B12:H13 区域的相应单元格中。

(3)运用公式"比上年增长值 = 本年度税收总额 - 上年度税收总额",分别计算 2003 年 - 2011 年的税收总额逐年增长值,填入 J 列相应单元格中。

(4)运用公式"比上年增长率 = 比上年增长值 ÷ 上年度税收总额",分别计算 2003 年 - 2011 年的税收总额逐年增长率,填入 K 列相应单元格中。

(5)保存文件。

实验 4-3　公式与函数(2)

一、实验目的

(1)掌握日期函数的应用。

(2)掌握逻辑函数的应用。

(3)掌握文本函数的应用。

(4)掌握查询函数的应用。

二、相关知识点微课

IF 函数		MIN 函数和 MAX 函数	

COUNT 和 COUNTIF 函数		RANK 函数	

三、实验示例

【例 4.9】打开素材文件夹下的"学籍表.et"文件,按如下要求操作。

(1)在 Sheet1 工作表中,根据"入学日期"和"学年"列数据,利用日期函数公式填充"毕业日期"的数据。提示:毕业日期 = 入学日期 + 学年。

(2)用公式填充"是否为优秀生"列数据,条件为上、下半年考核均为优秀,则填充"是",否则填充"否"(使用 IF、AND 两个函数),如图 4-43 所示。

(3)根据"总成绩"列数据,公式填充"名次"列,降序排名,总分相同,则名次相同。

(4)根据"总成绩"列内容,利用查询函数(使用 VLOOKUP 函数),生成"等级"列数据,对应关系在 Sheet2 表中。

(5)保存文件。

	A	B	C	D	E	F	G	H	I	J	K	L
1	学号	姓名	性别	入学日期	学年	毕业日期	上半年考核	下半年考核	是否为优秀生	总成绩	名次	等级
2	1	王为	男	2016/8/1	3	2019/8/1	中等	优秀	否	86	5	B
3	2	张可	男	2015/9/1	4	2019/9/1	合格	中等	否	84	6	B
4	3	许佳	女	2017/9/1	3	2020/9/1	优秀	优秀	是	79	8	C
5	4	马腾	男	2016/8/1	4	2020/8/1	合格	优秀	否	94	3	A
6	5	韩博	男	2015/7/1	3	2018/7/1	优秀	优秀	是	98	2	A
7	6	王雷	女	2018/9/1	5	2023/9/1	中等	合格	否	100	1	A
8	7	赵玉	女	2014/9/1	4	2018/9/1	优秀	优秀	是	60	11	C
9	8	李晓	女	2018/6/1	3	2021/6/1	中等	合格	否	74	9	C
10	9	刘浩	男	2018/9/1	5	2023/9/1	合格	合格	否	89	4	B
11	10	张成	男	2019/9/1	4	2023/9/1	优秀	优秀	是	45	12	D
12	11	张涵	女	2013/6/1	4	2017/6/1	中等	中等	否	67	10	C
13	12	刘乐	男	2014/8/1	4	2018/8/1	合格	合格	否	80	7	B
14												

图 4-43　例 4.9 样张

【解】具体操作步骤如下:

(1)打开素材文件夹下的"学籍表.et"工作簿。选择"Sheet1"工作表,选中 F2 单元格,打开"插入函数"对话框,在"类别"列表中选择"日期与时间",在"选择函数"列表中,单击 DATE 函数,单击"确定"按钮,打开"函数参数"对话框。设置参数,如图 4-44 所示。单击"确定"按钮。然后将鼠标指针移动到 F2 单元格右下角填充柄处,向下拖动(或双击),则自动复制公式并出现计算结果。

图 4-44　DATE"函数参数"对话框

(2)选中 I2 单元格,打开"插入函数"对话框,在常用函数中,选择 IF 函数,单击"确定"按钮,打开"函数参数对话框",设置参数,如图 4-45 所示。

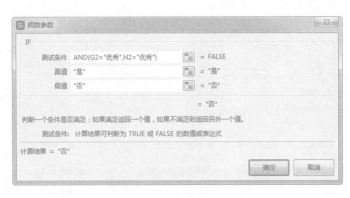

图 4-45 IF"函数参数"对话框

(3)选中 K2 单元格,打开"插入函数"对话框,在"类别"列表中选择"全部",在"选择函数"列表中,选择 RANK 函数,单击"确定"按钮,打开"函数参数"对话框,设置参数(注意:引用区域为绝对引用地址),如图 4-46 所示。

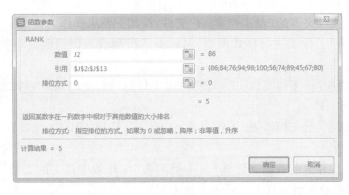

图 4-46 RANK"函数参数"对话框

(4)选中 L2 单元格,打开"插入函数"对话框,在"类别"列表中选择"查找与引用",在"选择函数"列表中,选择 VLOOKUP 函数,如图 4-47 所示,单击"确定"按钮,打开"函数参数"对话框,如图 4-48 所示,设置相关参数(数据表区域为绝对引用地址)。

图 4-47 "插入函数"对话框

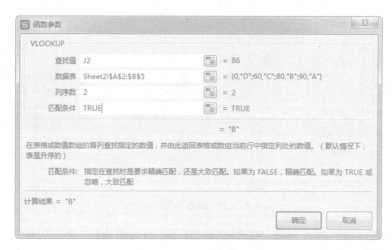

图 4-48　VLOOKUP"函数参数"对话框

（5）单击快速访问工具栏中的"保存"按钮。

【例 4.10】打开素材文件夹下的"员工档案.et"文件,按如下要求操作。

（1）请对"员工档案表"工作表进行格式调整,将所有工资列设为保留两位小数的数值,适当加大行高列宽。

（2）根据身份证号,请在"员工档案表"工作表的"出生日期"列,使用 MID 函数提取员工生日,单元格式类型为"yyyy"年"m"月"d"日""。

（3）根据入职时间,请在"员工档案表"工作表的"工龄"列,使用 TODAY 函数和 INT 函数计算员工的工龄,工作满一年才计入工龄。

（4）引用"工龄工资"工作表的数据来计算"员工档案表"工作表中员工的工龄工资,在"基础工资"列,计算每个人的基础工资（基础工资 = 基本工资 + 工龄工资）。

（5）根据"员工档案表"工作表的工资数据,统计所有人的基础工资总额,将其填写在"统计报告"工作表的 B2 单元格中。

（6）根据"员工档案表"工作表的工资数据,统计职务为项目经理的基本工资总额,将其填写在"统计报告"工作表的 B3 单元格中。

（7）根据"员工档案表"工作表的工资数据,统计东方公司本科生平均基本工资,将其填写在"统计报告"工作表的 B4 单元格中。

（8）保存文件。

【解】具体操作步骤如下:

（1）打开素材文件夹下的"员工档案.et"工作簿。选择"员工档案表"工作表,选中 K3:M37 单元格区域,打开"单元格格式"对话框,如图 4-49 所示,设置所有工资列的数据格式为数值、小数位数为 2。

（2）单击 G3 单元格,输入公式: = MID(F3,7,4)&"年"&MID(F3,11,2)&"月"&MID(F3,13,2)&"日",按【Enter】键确认,如图 4-50 所示,双击 G3 右下角的填充柄,向下填充公式到最后一个员工。适当调整该列的列宽。

（3）单击 J3 单元格,输入公式: = INT((TODAY() − I3)/365),表示当前日期减去入职时间除以 365 天后再向下取整,按【Enter】键确认,双击填充柄向下填充公式到最后一个员工。

（4）单击 L3 单元格,输入公式: = J3 * 工龄工资!B3,按【Enter】键确认,双击填充柄向下填充公式到最后一个员工。在 M3 单元格中输入公式: = K3 + L3,按【Enter】键确认,双击填充柄向下填充公式到最后一个员工。

（5）选择"统计报告"工作表,单击 B2 单元格,输入公式: = SUM(员工档案表!M3:M37),按【Enter】键确认。

（6）选择"统计报告"工作表,单击 B3 单元格,输入公式: = SUMIF(员工档案表!E3:E37,"项目经理",

员工档案表! K3:K37),按【Enter】键确认。

图 4-49　"单元格格式"对话框

图 4-50　用公式计算"出生日期"

(7)选择"统计报告"工作表,单击 B4 单元格,输入公式:= AVERAGEIF(员工档案表! H3:H37,"本科",员工档案表! K3:K37),按【Enter】键确认。

(8)单击快速访问工具栏中的"保存"按钮。

【例 4.11】打开素材文件夹下的"公司费用管理. et"文件,按如下要求操作。

(1)在"费用报销管理"工作表"日期"列的所有单元格中,标注每个报销日期属于星期几,例如日期为"2013 年 1 月 20 日"的单元格应显示为"2013 年 1 月 20 日星期日",日期为"2013 年 1 月 21 日"的单元格应显示为"2013 年 1 月 21 日星期一"。

(2)如果"日期"列中的日期为星期六或星期日,则在"是否加班"列的单元格中显示"是",否则显示"否"(必须使用公式)。

(3)使用公式统计每个活动地点所在的省份或直辖市,并将其填写在"地区"列所对应的单元格中,如"北京市""浙江省"。

(4)依据"费用类别编号"列内容,使用 VLOOKUP 函数生成"费用类别"列内容。对应关系参考"费用类别"工作表。

(5)在"差旅成本分析报告"工作表 B3 单元格中,统计 2013 年第二季度发生在北京市的差旅费用总金额。

(6)在"差旅成本分析报告"工作表 B4 单元格中,统计 2013 年员工钱顺卓报销的火车票费用总额。

(7)在"差旅成本分析报告"工作表 B5 单元格中,统计 2013 年差旅费用中,飞机票费用占所有报销费用的比例,并保留 2 位小数。

(8)在"差旅成本分析报告"工作表 B6 单元格中,统计 2013 年发生在周末(星期六和星期日)的通信补助总额。

(9)保存文件。

【解】操作步骤

(1)打开素材文件夹下的"公司费用管理. et"工作簿。在"费用报销管理"工作表中,选中"日期"数据列,在选中区域右击,在弹出的快捷菜单中选择"设置单元格格式"命令,弹出"设置单元格格式"对话框,切换至"数字"选项卡,在"分类"列表框中选择"自定义"命令,在右侧的"示例"组中"类型"列表框中输入"yyyy"年"m"月"d"日"aaaa",如图 4-51 所示。设置完毕后单击"确定"按钮即可。

图 4-51   "数字"选项卡

(2)单击选中"费用报销管理"工作表的 H3 单元格,输入公式:= IF (WEEKDAY (A3 , 2) > 5 , "是" , "否"),表示在星期六或者星期日情况下显示"是",否则显示"否",按【Enter】键确认,然后向下拖动填充柄填充公式到最后一个日期即可。

未要求用公式时也可以用插入函数的方法完成,IF 函数嵌套 WEEKDAY 函数的参数对话框,如图 4-52 所示。

图 4-52   IF"函数参数"对话框

（3）选中"费用报销管理"工作表的 D3 单元格,输入公式: = LEFT(C3,3),表示取当前文字左侧的前 3 个字符,按【Enter】键确认,然后拖动填充柄向下填充公式到最后一个日期即可。

（4）选择 F3 单元格,单击"公式"选项卡中的"插入函数"按钮,弹出"插入函数"对话框,在"选择函数"下拉列表中选择 VLOOKUP 函数,单击"确定"按钮,在"函数参数"对话框中,设置参数,如图 4-53 所示。

图 4-53　VLOOKUP"函数参数"对话框

也可以直接输入公式: = VLOOKUP(E3,费用类别! ＄A＄3: ＄B＄12,2,FALSE),按【Enter】键完成自动填充。

（5）选择"差旅成本分析报告"工作表,单击 B3 单元格,输入公式: = SUMIFS(费用报销管理! G3: G401,费用报销管理! D3:D401,"北京市",费用报销管理! A3:A401," > =2013-4-1",费用报销管理! A3: A401," < =2013-6-30"),单击"确定"按钮即可。

（6）单击 B4 单元格,输入公式: = SUMIFS(费用报销管理! G3:G401,费用报销管理! B3:B401,"钱顺卓",费用报销管理! F3:F401,"火车票"),单击"确定"按钮即可。

（7）单击 B5 单元格,输入公式: = SUMIF(费用报销管理! F3:F401,"飞机票",费用报销管理! G3: G401)/SUM(费用报销管理! G3:G401),单击"确定"按钮。然后参照步骤(1)打开"设置单元格格式"对话框,选择"数字"选项卡,设置数据格式为数值、小数位数为2。

（8）单击 B6 单元格,输入公式: = SUMIFS(费用报销管理! G3:G401,费用报销管理! H3:H401,"是",费用报销管理! F3:F401,"通信补助"),单击"确定"按钮即可。

（9）单击快速访问工具栏中的"保存"按钮。

四、实验内容

【练习4.5】为了让利消费者,提供更优惠的服务,某大型收费停车场规划调整收费标准,拟从原来"不足 15 分钟按 15 分钟收费"调整为"不足 15 分钟部分不收费"的收费政策。市场部抽取了历史停车收费记录,期望通过分析掌握该政策调整后对营业额的影响。请根据素材文件夹下"素材. et"中的各种表格,帮助市场分析员小罗完成此项工作。具体要求如下。

（1）在"停车收费记录"表中,涉及金额的单元格格式均设置为带货币符号(￥)的会计专用类型格式,并保留 2 位小数。依据"收费标准"表,利用公式将收费标准对应的金额填入"停车收费记录"表中的"收费标准"列;利用出场日期、时间与进场日期、时间的关系,计算"停放时间"列,单元格格式为时间类型的"×× 小时 ×× 分钟"。

（2）依据停放时间和收费标准,计算当前收费金额并填入"收费金额"列;计算拟采用的收费政策的预计收费金额并填入"拟收费金额"列;计算拟调整后的收费与当前收费之间的差值并填入"差值"列。

（3）将"停车收费记录"表中的内容套用表格样式"中色系"的"表样式中等深浅12"。

（4）在"收费金额"列中,将单次停车收费达到 100 元的单元格设置条件格式,突出显示为"黄填充色深黄色文本"格式。

实验 4-4　图表操作

一、实验目的

(1)掌握各类图表创建的方法。

(2)掌握图表的编辑。

(3)掌握图表的格式化设置。

二、相关知识点微课

嵌入式图表		工作表图表	

三、实验示例

【例 4.12】打开素材文件夹下的"期末成绩.et"工作簿,按如下要求制作图表(见图 4-54)。

(1)在 Sheet1 工作表中,利用函数计算"总分""平均分"两列的内容,将工作表命名为"期末成绩表"。

(2)选取"期末成绩表"工作表的"姓名"列和"数据库"列的单元格内容,建立"簇状柱形图"。

(3)图表标题为"数据库成绩统计图",楷体、18 磅;图例在右侧显示。

(4)将图表插入到"期末成绩表"工作表的 A14:F27 单元格区域内。

(5)保存文件。

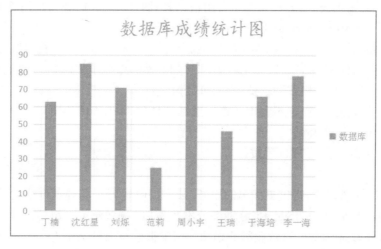

图 4-54　例 4.12 样张

【解】具体操作步骤如下:

(1)在 G3 单元格输入公式: = SUM(C3:F3),按【Enter】键。选中 G3 单元格,将鼠标指针移到 G3 单元格填充柄处,向下拖动(或双击),完成公式的复制并填充下面的数据。平均分计算和填充参考总分的操作。将 Sheet1 工作表重命名为"期末成绩表"。

(2)在"期末成绩表"工作表中,选中 B2:B10 单元格区域,按住【Ctrl】键,同时选中 E2:E10 单元格区域。单击"插入"选项卡中的"全部图表"按钮,弹出"插入图表"对话框,如图 4-55 所示,在左侧列表框中选择"柱形图",然后在右侧子图表类型中选择"簇状柱形图",单击"插入"按钮。

(3)在新插入的图表中,在"图表标题"位置,将"数据库"标题删除,重新输入图表标题"数据库成绩统计图",选中标题,设置字体为楷体,字号18磅。

选中插入的图表,单击浮动工具栏中的"图表元素"按钮,如图4-56所示,选择"图例"→"右"选项。

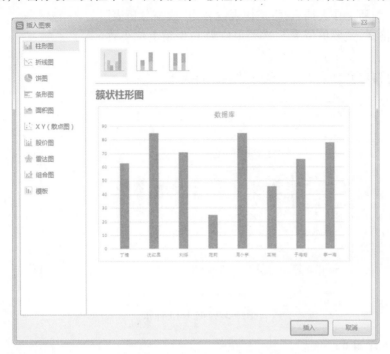

图4-55 "插入图表"对话框

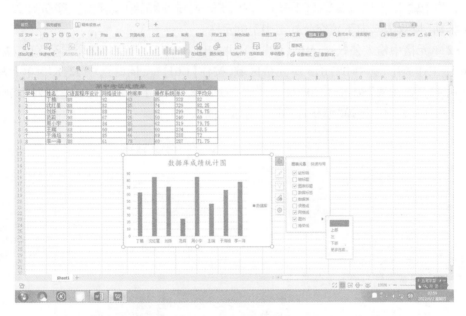

图4-56 设置图例操作

(4)选中图表,按住鼠标左键不放拖动图表,将图表左上角放置在A26单元格中,将鼠标指针移至图表右下角,当指针变成斜向双箭头时拖动鼠标缩放图表使其置于A14:F27单元格区域。

(5)保存并关闭工作簿。

【例4.13】打开素材文件夹下的"竞赛成绩.et"工作簿,按如下要求制作图表(见图4-57)。

(1)在Sheet1工作表中,利用函数计算"最高分""最低分"两列的内容。

(2)利用"姓名"列数据和"最高分""最低分"两列数据,创建"堆积柱形图"图表。

(3)设置图表标题为"数学成绩分析图",字体黑体、字号20磅、红色。分类轴标题:姓名,数值轴标题:

积分,字体均为楷体、12 磅、竖排。

(4)图例位置:在右侧显示。

(5)图表位置:作为新工作表插入,将工作表命名为"成绩分析表"。

(6)设置数值轴格式:主要单位为 5,次要单位为 1;保留 1 位小数。

(7)保存文件。

(8)将此工作簿另存为"图表 1. et",置于素材文件夹下。

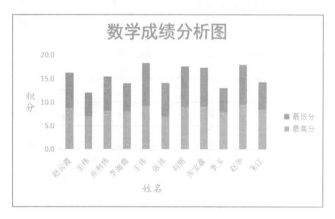

图 4-57　例 4.13 样张

【解】具体操作步骤如下:

(1)在 Sheet1 工作表中,利用 MAX 和 MIN 两个函数,求最高分和最低分。

①在 J2 单元格中输入公式: = MAX(C2:I2),并按【Enter】键,然后把鼠标指针移动到 J2 单元格右下角填充柄处,向下拖动(或双击),向下填充公式至 J13 单元格。

②同理在 K2 单元格中输入公式: = MIN(C2:I2),并按【Enter】键,然后填充公式至 K13 单元格。

(2)在 Sheet1 工作表中,选中 B2:B13 单元格区域,按住【Ctrl】键,同时选中 J2:K13 单元格区域。单击"插入"选项卡中的"全部图表"按钮,弹出"插入图表"对话框,如图 4-58 所示,在左侧列表框中选择"柱形图",然后在右侧子图表类型中选择"堆积柱形图",单击"插入"按钮。

图 4-58　"插入图表"对话框

（3）在新插入的图表中将"图表标题"修改为"数学成绩分析图"。选中标题，在"开始"选项卡中，修改字体为黑体，字号20，颜色为红色（标准色）。

单击浮动工具栏中的"图表元素"按钮，选择"轴标题"→选中"主要横坐标轴"和"主要纵坐标轴"两个复选框，如图4-59所示。再单击下面的"更多选项"，在窗口右侧会启动"属性"任务窗格。选择纵坐标轴标题，在任务窗格中，选择"大小与属性"选项卡，在"文字方向"下拉列表框中选择"竖排"选项。然后分别修改分类轴标题为姓名、数值轴标题为积分，选中标题，再分别设置字体和字号为楷体、12磅。

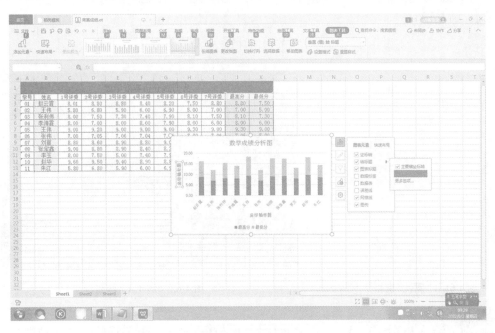

图4-59　设置坐标轴标题

（4）选中图表，单击"图表工具"选项卡中的"添加元素"下拉按钮，在下拉列表中选择"图例"→"右侧"选项（选中图表，单击浮动工具栏中的"图表元素"按钮，也可完成操作）。

（5）在图表上右击，在弹出的快捷菜单中，选择"移动图表"命令，打开"移动图表"对话框，如图4-60所示，选择"新工作表"单选按钮，在右侧文本框内输入"成绩分析表"，单击"确定"按钮。

（6）用鼠标在数值轴上双击，启动"属性"任务窗格，如图4-61所示，选择"坐标轴选项"选项卡，再选择"坐标轴"选项卡，设置"最小值"为0，"最大值"为20，"主要"单位为5，"次要"单位为1。单击下面的"数字"选项，在"类别"下拉列表中选择"数字"，将小数位数设置为1。

（7）单击快速工访问工具栏中的"保存"按钮。

（8）选择"文件"菜单→"另存为"命令，打开"另存文件"对话框，选择文件路径为素材文件夹，输入文件名"图表1.et"，单击"保存"按钮。

图4-60　"移动图表"对话框

【例4.14】打开素材文件夹下的"图书销售情况.et"工作簿，按照要求完成图表的制作（见图4-62）。

（1）根据"书籍种类"和"所占比例"两列数据，创建"饼图"图表。

（2）设置图表标题为"各类书籍全年销售所占比例"，字体微软雅黑，字号16磅，加粗。

（3）图例位置：在顶部显示。

（4）数据标签：包括"类别名称"和"值"，标签位置为数据标签外。

（5）设置数据系列格式：阴影为内部左上角；饼图分离程度为5%。

（6）图表绘图区背景设置为"渐变填充"中的"浅绿-暗橄榄绿渐变"，渐变样式为"射线渐变"，方向为中心辐射。

（7）图表位置：将图表放置在 Sheet2 工作表中。

（8）保存文件。

图 4-61 "属性"窗格

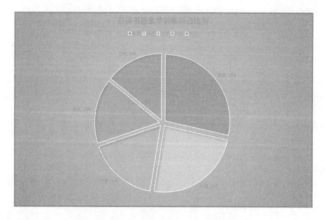

图 4-62 例 4.14 样张

【解】具体操作步骤如下：

（1）在 Sheet1 工作表中，选中 A2：A7 单元格区域，按住【Ctrl】键，同时选中 G2：G7 单元格区域。单击"插入"选项卡中的"全部图表"按钮，打开"插入图表"对话框，在左侧列表框中选择"饼图"，然后在右侧子图表类型中选择"饼图"，单击"插入"按钮，如图 4-63 所示。

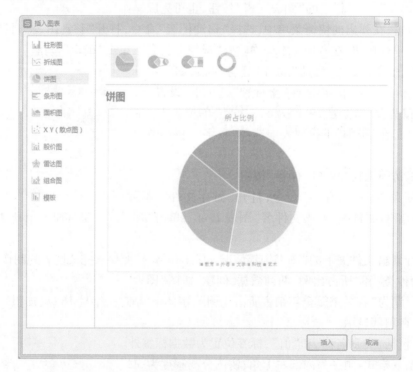

图 4-63 "插入图表"对话框

（2）在插入的图表中将图表标题"所占比例"修改为"各类书籍全年销售所占比例"，选中标题，设置字体为微软雅黑，字号16磅，加粗。

（3）选中图表，单击"图表工具"选项卡中的"添加元素"下拉按钮，在下拉列表中选择"图例"→"顶部"（选中图表，单击浮动工具栏中的"图表元素"按钮，也可完成操作）。

（4）选中图表，单击"图表工具"选项卡中的"添加元素"下拉按钮，在下拉列表中选择"数据标签"下的"更多选项"，在窗口右侧会启动"属性"任务窗格。单击"标签"选项，如图4-64所示，选中"类别名称"和"值"两个复选框。标签位置选中"数据标签外"单选按钮。

（5）在图表的系列上右击，在弹出的快捷菜单中，选择"设置数据系列格式"命令，启动"属性"任务窗格，选择"效果"选项卡，如图4-65所示，设置阴影为内部左上角；选择"系列"选项卡，将饼图分离程设置成5%，如图4-66所示。

图4-64 标签选项

图4-65 系列选项-效果

（6）在图表区中双击，启动"属性"任务窗格，如图4-67所示，选择"填充与线条"选项卡，在"填充"下方选中"渐变填充"单选按钮，再下面的"浅绿-暗橄榄绿渐变"，在"渐变样式"中选择"射线渐变"下面的"中心辐射"。

（7）右击图表，在弹出的快捷菜单中，选择"移动图表"命令，打开"移动图表"对话框，选择"对象位于"单选按钮，在右侧文本框中选择"Sheet2"工作表，单击"确定"按钮。

（8）保存文件，并关闭工作簿。

【例4.15】打开素材文件夹下的"图书销售增长.et"工作簿，按照要求完成图表的制作（见图4-68）。

（1）图表分类轴：月份，数值轴：销售额、环比增长。设置图表类型：组合图。

（2）设置图表标题为图书销售增长统计图，字体为楷体，字号20磅。

（3）图例设置：在顶部显示。

（4）设置图表区背景：10%的图案；绘图区背景设置为"渐变填充"中的"蓝色-深蓝渐变"。

（5）图表位置：作为新工作表插入，工作表名为"图书销售增长表"。

图 4-66　系列选项-系列　　　　　　　　　图 4-67　"填充与线条"选项

(6)保存文件。

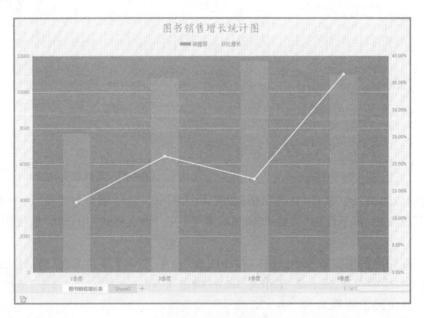

图 4-68　例 4.15 样张

【解】具体操作步骤如下：

(1)在 Sheet1 工作中，选择 A3:C6 单元格区域，单击"插入"选项卡中的"全部图表"按钮，打开"插入图表"对话框，如图 4-69 所示，在左侧列表框中选择"组合图"，在右侧子图表类型中选择"簇状柱形图-折线图"，设置"环比增长"系列的图表类型为"带数据标记的折线图"，并勾选"次坐标轴"复选框，单击"插入"按钮。

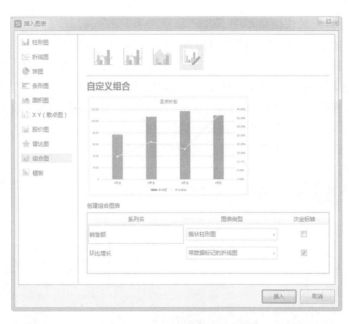

图 4-69　"插入图表"对话框

（2）将图表标题重命名为"图书销售增长统计图"，选中标题设置字体为楷体，字号 20 磅。

（3）选中图表，单击"图表工具"选项卡中的"添加元素"下拉按钮，在下拉列表中选择"图例"→"顶部"（选中图表，单击浮动工具栏中的"图表元素"按钮，也可完成操作）。

（4）双击"图表区"区域，在右侧启动"属性"窗格，如图 4-70 所示，选择"填充与线条"选项卡，在"填充"下方选中"图案填充"单选按钮，并设置为"10% 的图案"。单击"绘图区"区域，如图 4-71 所示，在"属性"窗格的"填充与线条"选项卡中，选择"渐变填充"单选按钮，选择"蓝色-深蓝渐变"。

图 4-70　"填充与线条"选项-填充

图 4-71　"填充与线条"选项-渐变

（5）在图表上右击，在弹出的快捷菜单中，选择"移动图表"命令，打开"移动图表"对话框，选择"新工作表"单选按钮，在右侧文本框内输入"图书销售增长表"，单击"确定"按钮。

（6）保存文件，关闭工作簿。

【例4.16】打开素材文件夹下的"电器销售.et"工作簿，按照要求完成动态图表的制作（见图4-72）。

（1）依据 sheet1 工作表中数据，如样张所示，在 B11 单元格创建"商品名称"数据有效性，并利用查找函数（VLOOKUP），在其后面单元格中查找下拉列表中选定的值。

（2）创建一个动态的折线图，根据商品名称的选择而变化。

（3）图表类型：折线图

（4）图表位置：将图表插入到工作表的 J1：P12 单元格区域内。

（5）保存文件。

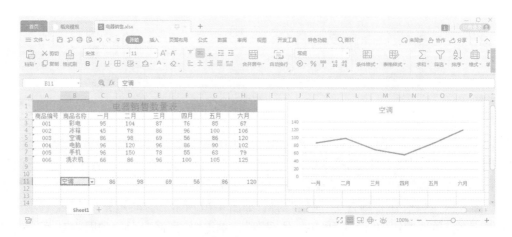

图4-72　例4.16样张

【解】具体操作步骤如下：

（1）利用"数据"选项卡功能区中的"有效性"按钮设置下拉列表，并利用查找函数在 C11：H11 单元格区域显示选定商品的销售数值。

①打开素材文件夹下的"电器销售.et"工作簿，选择 sheet1 工作表。选择 B11 单元格，单击"数据"选项卡中的"有效性"按钮，打开"数据有效性"对话框，在"允许"下拉列表中选择"序列"选项，在"来源"文本框中选择商品名称列 B3：B8 区域。设置效果如图 4-73 所示，单击"确定"按钮。

②选择 B11 单元格，单击单元格右侧的按钮，在下拉列表中选择"彩电"。选择 C11 单元格，输入公式：= VLOOKUP($ B $11, $ B $3： $ H $8, COLUMN( ) – 1, FALSE)，再将公式向右填充到 H11 单元格。

（2）选择 B11：H11 区域为数据系列，再按住【Ctrl】键选择 B2：H2 区域为水平轴数据，单击"插入"选项卡中的"创建图表"按钮，在打开的"插入图表"对话框中，选择"折线图"。

（3）移动图表，并调整大小，使图表位于工作表 J1：P12 区域内。

（4）单击"快速访问工具栏"中的"保存"按钮。

图4-73　"数据有效性"对话框

四、实验内容

【练习4.6】打开素材文件夹下的"商品销售趋势"图表，按如下要求创建图表（见图4-74）。

（1）利用 Sheet1 工作表中的数据创建图表，显示彩电和电风扇两种商品一至六月的销量趋势。

（2）设置图表类型为"带数据标记的折线图"。

（3）设置图表标题为"两种商品销量趋势图"，楷体、18 磅、蓝色；图例右侧显示。

（4）设置分类轴标题:月份;数值轴标题:销量(方向为横排)。

（5）设置数据轴格式:最大值为100。

（6）图表位置:作为新工作表插入,将工作表命名为"商品销量趋势"。

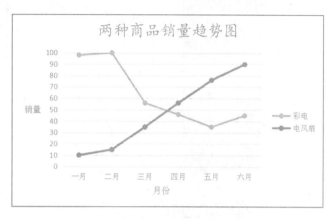

图 4-74　练习 4.6 样张

【练习 4.7】打开素材文件夹下的"学生成绩表"工作簿,按如下要求完成图表的制作(见图 4-75)。

（1）在 Sheet1 工作表中,根据姓名、语文、数学、总分 4 列数据,生成组合图,其中,姓名为分类轴数据,总分为带数据标记的折线图,语文、数学为簇状柱形图。

（2）设置图表标题为"学生成绩分析",字体黑体,字号 18 磅;在顶部显示图例。

（3）主垂直轴:主要单位为 20,次要垂直轴:主要单位为 50。

（4）图表区背景:沙棕色,着色 2,浅色 60%,绘图区背景设置为"渐变填充"中的"中海洋绿-水鸭色渐变"。

（5）图表位置:适当调整图表大小将其放置在 A10:G27 区域内。

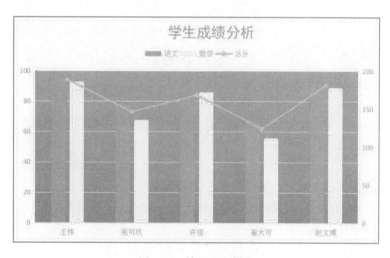

图 4-75　练习 4.7 样张

实验 4-5　数据处理

一、实验目的

（1）掌握单字段和多字段排序的方法。

（2）掌握数据的自动筛选和高级筛选

（3）掌握数据的分类汇总。

（4）掌握创建数据透视表的方法。

二、相关知识点微课

合并计算		数据排序	
自动筛选		高级筛选	
分类汇总		数据透视表	
数据透视图			

三、实验示例

【例4.17】打开素材文件夹下的"成绩表.et"工作簿,按如下要求操作。

(1)在 Sheet1 中,将区域内的数据按照"总分"降序排序。

(2)在 Sheet2 中,将区域内的数据按照"姓名"笔画升序排序。

(3)在 Sheet3 中,将区域内的数据首先依据"总分"降序排序,再依次按照"语文"降序、"数学"降序排序。

(4)保存文件。

【解】具体操作步骤如下:

(1)选择 Sheet1 工作表,在"总分"数据区域中单击任一单元格,单击"数据"选项卡中的"降序"按钮即可。

(2)选择 Sheet2 工作表,选中 A2:G12 单元格区域,单击"数据"选项卡中的"排序"按钮,打开"排序"对话框,如图 4-76 所示,在"主要关键字"列表中选择"姓名",在"次序"列表中选择"升序",单击"选项"按钮,打开"排序选项"对话框,如图 4-77 所示,在"方式"组中,选择"笔画排序"单选按钮,单击"确定"按钮,再次单击"确定"按钮。

(3)选择 Sheet3 工作表,选中 A2:G27 单元格区域,单击"数据"选项卡中的"排序"按钮打开"排序"对话框,如图 4-78 所示,在"主要关键字"列表中选择"总分",在"次序"列表中,选择"降序"。单击"添加条件"按钮,在"次要关键字"列表中选择"语文",在"次序"列表中选择"降序"。再次单击"添加条件"按钮,设置次要关键字为"数学"和次序为"降序"方式,最后单击"确定"按钮。

(4)保存并关闭工作簿。

图 4-76　"排序"对话框-主要关键字　　　　　　图 4-77　"排序选项"对话框

图 4-78　"排序"对话框-添加次要关键字

【例 4.18】打开素材文件夹下的"筛选练习.et"工作簿,按如下要求操作。

(1)在 Sheet1 工作表中,进行自动筛选:筛选"部门"为"营运部","实收工资"大于等于 4 000 且小于等于 4 500 的人员记录。

(2)利用 Sheet2 工作表中的数据进行高级筛选。

筛选条件:小组为"一组",且产量大于 7 000 的记录。

条件区域:起始单元格定位在 A21。

方式:在原有区域显示筛选结果。

(3)利用 Sheet3 工作表中的数据进行高级筛选。

筛选条件:数学、语文、计算机三门课中任一门大于等于 90 的记录。

条件区域:起始单元格定位在 J1。

复制到:起始单元格定位在 J10。

(4)利用"Sheet4"工作表中的数据进行高级筛选。

筛选条件:数学大于 90 或英语大于 90,且总成绩需大于等于 500。

条件区域:起始单元格定位在 K1。

复制到:起始单元格定位在 K10。

(5)利用"Sheet5"工作表的数据进行高级筛选。

筛选条件:金额介于 30 000 与 50 000 之间(不包括 30 000、50 000),且银行为建设银行或工商银行。

条件区域:起始单元格定位于 A50。

复制到:起始单元格定位在 A55。

(6)保存文件。

【解】操作步骤

(1)选择 Sheet1 工作表,在数据区域中单击任一单元格,单击"数据"选项卡中的"自动筛选"按钮,这时每个列标题右侧会出现一个筛选按钮。单击"部门"右侧的按钮,在"名称"下面的复选框中,只保留"营运部"为选中状态。再单击"实收工资"右侧的按钮,单击"数据筛选"选项,在列表中选择"介于"命令,打开

"自定义自动筛选方式"对话框,如图 4-79 所示,输入数值"大于或等于"4 000、"小于或等于"4 500,单击"确定"按钮。

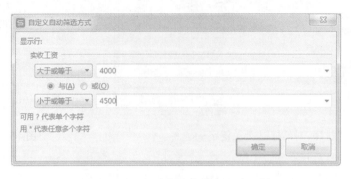

图 4-79　"自定义自动筛选方式"对话框

(2)选择 Sheet2 工作表,建立条件区域,如图 4-80 所示,将"小组""产量"列标题,分别复制到 A21 和 B21 单元格中,然后在 A22 中输入"一组"条件,在 B22 中输入"＞7000"条件。单击数据区域中任一单元格,单击"开始"选项卡中的"筛选"下拉按钮,在列表中选择"高级筛选"命令,打开"高级筛选"对话框,如图 4-81 所示,方式默认为"在原有区域显示筛选结果",列表区域默认为选中区域,单击条件区域右侧的折叠按钮,选中条件区域 A21:B22,再次单击折叠按钮,返回对话框,单击"确定"按钮。

	A	B	C	D	E	F
7	乙班	三组	刘星星	16#	7045	
8	丙班	二组	陈昆	2#	5342	
9	丙班	二组	赵应芳	4#	6763	
10	丙班	一组	吴小丽	8#	6277	
11	乙班	三组	朱华丽	5#	6118	
12	丙班	二组	赵正云	7#	6867	
13	甲班	一组	陈星	12#	5573	
14	乙班	一组	吴华	17#	7155	
15	丙班	三组	张大亮	11#	5491	
16	丙班	二组	王重阳	10#	6701	
17	甲班	一组	赵大年	15#	5855	
18	乙班	二组	柳香香	13#	5588	
19						
20						
21	小组	产量				
22	一组	>7000				
23						

图 4-80　筛选条件

(3)选择 Sheet3 工作表,在 J1 单元格开始建立条件区域,如图 4-82 所示。单击数据区域中任一单元格,单击"开始"选项卡中的"筛选"下拉按钮,在下拉列表中选择"高级筛选"命令,打开"高级筛选"对话框,如图 4-83 所示,选中"将筛选结果复制到其他位置"单选按钮;列表区域为默认数据范围,将光标置于"条件区域"框内,用鼠标选中条件区域 J1:L4,将光标置于"复制到"框内,单击 J10 单元格,单击"确定"按钮。

图 4-81　筛选结果显示方式 1

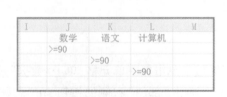

图 4-82　筛选条件 1

图 4-83　筛选结果显示方式 2

（4）选择 Sheet4 工作表，在 K1 单元格开始建立条件区域，如图 4-84 所示。单击数据区域中任一单元格，再次打开"高级筛选"对话框，选中"将筛选结果复制到其他位置"单选按钮；列表区域为默认数据范围，将光标置于"条件区域"框内，选中条件区域 K1：M3，将光标置于"复制到"框内，单击选中 K6 单元格，单击"确定"按钮。

（5）选择 Sheet5 工作表，在 A50 单元格开始，建立条件区域，如图 4-85 所示。单击数据区域中任一单元格，再次打开"高级筛选"对话框，选中"将筛选结果复制到其他位置"单选按钮；列表区域为默认数据范围，将光标置于"条件区域"框内，选中条件区域 A50：C52，将光标置于"复制到"框内，单击选中 A55 单元格，单击"确定"按钮。

图 4-84　筛选条件 2　　　　　　　　　　图 4-85　筛选条件 3

（6）保存并关闭工作簿。

【例 4.19】打开素材文件夹下的"分类汇总"文件，按如下要求操作。

（1）利用 Sheet1 工作中的数据，按"院系"分类汇总数学、英语、计算机三门课的平均值，并将汇总结果显示在数据下方。

（2）利用 Sheet2 工作表中的数据，按部门统计每月销售额最高值。

（3）保存文件。

【解】具体操作步骤如下：

（1）选择 Sheet1 工作表，选中"院系"列中的任一单元格，如：B5 单元格，单击"开始"选项卡中的"排序"下拉按钮，在弹出的下拉列表中选择"升序"命令。

在数据区域中单击任一单元格，单击"数据"选项卡中的"分类汇总"按钮，打开"分类汇总"对话框，如图 4-86 所示，设置"分类字段"为"院系"，设置"汇总方式"为"平均值"，在"选定汇总项"中勾选数学、英语、计算机三门课程的复选框，取消勾选其他复选框，默认勾选"汇总结果显示在数据下方"，单击"确定"按钮。

（2）选择 Sheet2 工作表，选中"部门"列中的任一单元格，单击"开始"选项卡中的"排序"下拉按钮，在弹出的下拉列表中选择"升序"命令。

在数据区域中单击任一单元格，单击"数据"选项卡中的"分类汇总"按钮，打开"分类汇总"对话框，如图 4-87 所示，设置"分类字段"为"部门"，设置"汇总方式"为"最大值"，在"选定汇总项"中勾选一月、二月、三月等 6 个月的复选框，取消勾选其他复选框，单击"确定"按钮。

（3）保存并关闭工作簿。

【例 4.20】打开素材文件夹下的"数据透视表.et"文件，按如下要求操作。

（1）根据 Sheet1 工作表中的数据，建立数据透视表，统计各书店不同类别图书的销售情况。要求：行标签为"书店"，列标签为"图书类别"，值为"销售额"的平均值，保留一位小数。结果放在现有工作表 A25 单元格开始的区域。

（2）根据 Sheet2 工作表中的数据，建立数据透视表，统计 2 月份各项数据。报表筛选器：日期；行标签：班别；列标签：小组；值区域：产量之和。结果生成一个新的工作表，命名为"数据统计"。

（3）保存文件。

图 4-86　"分类汇总"-平均值　　　　　　图 4-87　"分类汇总"-最大值

【解】具体操作步骤如下：

（1）选择 Sheet1 工作表，在数据区域中单击任一单元格，在"数据"功能区中，单击"数据透视表"按钮，打开"创建数据透视表"对话框，如图 4-88 所示。在"请选择要分析的数据"中选择"请选择单元格区域"单选按钮，使用默认区域，在"请选择放置数据透视表的位置"中选中"现有工作表"单选按钮，光标置于下面的框中，在工作表中单击 A25 单元格，单击"确定"按钮。

在右侧出现"数据透视表"窗格，如图 4-89 所示，按照题目要求，将"字段列表"中的属性拖入到"数据透视表区域"中，统计各书店不同类别图书的销售情况。

图 4-88　"创建数据透视表"对话框　　　　　　图 4-89　"数据透视表"窗格

在"值"框内,单击"求和项:销售额"下拉按钮,在下拉列表中,选择"值字段设置"命令,弹出"值字段设置"对话框,如图 4-90 所示,在"值字段汇总方式"列表框中,选择"平均值"。单击"数字格式"按钮,打开"单元格格式"对话框。在"分类"列表框中,选择"数值"格式,设置小数位数为 1,单击"确定"按钮,再次单击"确定"按钮。

(2)选择 Sheet2 工作表,单击数据区域任一单元格,单击"数据"选项卡中的"数据透视表"按钮,打开"创建数据透视表"对话框,如图 4-91 所示。在"请选择要分析的数据"中选择"请选择单元格区域"单选按钮,使用默认区域。在"请选择放置数据透视表的位置"中选择"新工作表"单选按钮,单击"确定"按钮。

图 4-90　"值字段设置"对话框　　　　　图 4-91　"创建数据透视表"对话框

在右侧出现"数据透视表"窗格,如图 4-92 所示,按题目要求,将"字段列表"中的属性分别拖入到"数据透视表区域"中。

在"数据透视表"中,选择 B1 单元格,单击(全部)右侧的筛选按钮,选中"选择多项"复选框,取消 1 月份的勾选。单击"确定"按钮。

将新工作表,重命名为"数据统计",最后关闭窗格。

(3)保存并关闭工作簿。

四、实验内容

【练习 4.8】打开素材文件夹下的"工资表.et"工作簿,按如下要求进行操作。

(1)将 Sheet1 工作表中数据全部复制到 Sheet2、Sheet3、Sheet4、Sheet5、Sheet6 中。

(2)将 Sheet2 重命名为排序、Sheet3 重命名为自动筛选、Sheet4 重命名为分类汇总、Sheet5 重命名为数据透视表、Sheet6 重命名为高级筛选。

(3)选择排序工作表,按照基本工资降序排列,基本工资相同时按照奖金降序排列。

(4)选择自动筛选工作表,利用自动筛选功能,筛选出基本工资在 1 000～1 500 之间的记录,包括 1 000、1 500。

图 4-92　"数据透视表"窗格

（5）选择分类汇总工作表，汇总出各部门实发工资之和。

（6）选择数据透视表工作表，统计各部门各个职务人员数量。将结果放在当前工作表 A16 单元格开始处。列标签为职务、行标签为部门、数值为计数项：职务。

（7）选择高级筛选工作表，筛选出财务部、职务为会计、基本工资大于等于 1 000 的记录。条件放在 A15 开始区域，结果放在 A20 单元格开始的区域。

（8）保存文件。

第 5 章　WPS 演示文稿制作实验

　　本章的目的是使学生熟练掌握演示文稿处理软件 WPS Office 2019 来处理办公文档。主要内容包括：WPS 演示文稿的基本编辑、主题与幻灯片母版设计、动画与切换片设计、页面设置与放映设置等。

实验 5-1　文稿的基本编辑

一、实验目的

(1)掌握建立演示文稿的方法。

(2)会使用幻灯片设计方案。

(3)能正确插入幻灯片中的各种元素。

(4)掌握设置幻灯片版式的方法。

(5)掌握设置幻灯片内元素动画与切换幻灯片方式。

(6)插入与删除幻灯片备注内容。

(7)掌握动作按钮的设置。

二、相关知识点微课

演示文稿的创建和保存		新建幻灯片	
插入智能图形		插入视频文件	
插入音频文件		编辑幻灯片	

动画设置-进入		动画设置-强调	
动画设置-退出		幻灯片切换	
动作设置			

三、实验示例

【例5.1】打开素材文件"PPT1.dps",按下列要求完成操作,并同名保存结果。

(1)设置幻灯片设计方案为"党政党建-红色"。

(2)设置第1张幻灯片中主标题字体为"华文彩云",66磅。副标题输入"中国传统文化书籍选读"。

(3)在第2张幻灯片后面插入一张版式为"空白"的新幻灯片,插入当前试题文件夹下的图片"朱子家训1.jpg",调整适当大小,并设置其进入动画为"缓慢进入"。

(4)设置所有幻灯片的切换效果为"形状"。

(5)在第1张幻灯片中插入当前试题文件夹下的音频文件"朱子家训.mp3"作为幻灯片的背景音乐,放映时隐藏。

(6)在第3张幻灯片中插入备注"学习传统文化,树立文化自信"。

【解】具体操作步骤如下:

(1)设计模版方案。打开素材文件PPT1.dps,在"设计"选项卡中选择列表中的"党政党建-红色"模版,如图5-1所示。

图5-1 选择模板

(2)设置标题格式。在导航栏选中第1张幻灯片,在编辑区幻灯片中右击主标题"《朱子家训》讲什么?"的占位符框线,在快捷菜单中选择"字体"命令,打开"字体"对话框,设置字体为华文彩云,大小为66磅,如图5-2所示。单击副标题占位符,输入相应文字"中国传统文化书籍选读"。

> **说明：**
>
> 　　设置标题格式也可以单击标题占位符框线后，在"开始"选项卡或"文本工具"选项卡中，使用功能区按钮设置字体、字号、字形等。

图 5-2　"字体"对话框

（3）插入图片与动画。

①选中第 2 张幻灯片。单击"开始"选项卡中的"新建幻灯片"下拉按钮在下拉列表中选择"新建幻灯片"，再单击"版式"按钮选择下拉列表中的"空白"，则插入一张空白片。单击"设计"选项卡中的"图片"按钮，在打开的"插入图片"对话框中选择要插入的图片文件"朱子家训"，单击"打开"按钮即可，如图 5-3 所示。插入图片后调整合适大小与位置。

图 5-3　"插入图片"对话框

②设置动画。选择图片后,单击"动画"选项卡,在动画方案列表中选择"缓慢进入",如图 5-4 所示。

图 5-4　缓慢进入动画

(4)切换效果。单击"切换"选项卡,在切换效果列表中选择"形状",再单击"应用到全部"按钮,如图 5-5 所示。

图 5-5　切换效果-形状

(5)插入音频作为背景音乐。选择第 1 张幻灯片,单击"插入"选项卡中的"音频"按钮,在下拉列表中选择"嵌入背景音乐"命令,打开"从当前页插入背景……"对话框,如图 5-6 所示。选择要插入的音频文件"朱子家训.mp3",单击"打开"按钮即可。

图 5-6　插入背景音乐

(6)插入备注。在编辑区下方备注栏处单击 ≡ 单击此处添加备注,输入文字"学习传统文化,树立文化自信"。

【例 5.2】打开素材文件"PPT2.dps",按下列要求完成操作,并同名保存结果。

(1)由于文字内容较多,将第 7 张幻灯片中的四项文本内容平均分为两张幻灯片进行展示。

(2)为了布局美观,将第 6 张幻灯片中的内容区域文字转换为"水平项目符号列表"SmartArt 布局。

(3)在第 5 张幻灯片中插入一个标准折线图,并按照如下数据信息调整图表内容。

	笔记本电脑	平板电脑	智能手机
2010 年	7.6	1.4	1.0
2011 年	6.1	1.7	2.2
2012 年	5.3	2.1	2.6
2013 年	4.5	2.5	3
2014 年	2.9	3.2	3.9

（4）为该折线图设置"擦除"进入动画效果，效果选项为"自左侧"。

（5）设置第 1、2 张幻灯片的切换效果为溶解，其他页切换效果为轮辐。设置所有幻灯片的换片时间为 2 s。

（6）在最后一张幻灯片中插入自定义按钮，文字为"返回"，动作链接到第 1 张幻灯片。

【解】具体操作步骤如下：

（1）复制幻灯片。打开文件 PPT2.dps，在窗口左侧导航栏选择第 7 张幻灯片，右击后在快捷菜单中选择"复制幻灯片"命令，然后在编辑区删除不想保留的文本内容，保证文本的四项内容，前两项在上一张，后两项在下一张即可。

（2）转换智能图形。在第 6 张幻灯片编辑区选择文本占位符，单击"开始"选项卡中的"转智能图形"按钮，在下拉列表中选择"水平项目符号列表"，如图 5-7 所示。

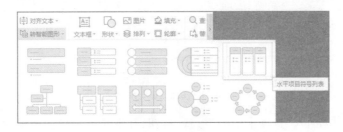

图 5-7　智能图形

（3）建立折线图。在第 5 张幻灯片的编辑区，单击"插入图表"按钮，打开"插入图表"对话框，在左侧列表框中选择"折线图"在右侧子图表类型中选择第一个，单击"插入"按钮，如图 5-8 所示。

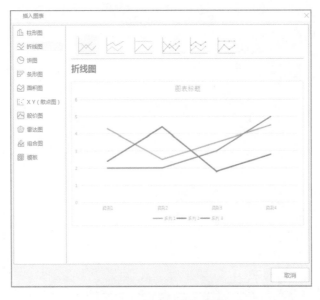

图 5-8　"插入图表"对话框

之后,编辑电子表格数据为题目要求的数据,如图5-9所示。

(4)设置折线动画效果。选择折线图后,单击"动画"选项卡,在动画方案中选择"擦除",单击"自定义动画"按钮,在窗口右侧"自定义动画"任务窗格中,选择"方向"为"自左侧",其他保持默认设置,如图5-10所示。

图5-9　折线图数据　　　　　　　　　图5-10　折线图动画窗格

(5)设置换片动画。按住【Shift】键在左侧导航窗格同时选择第1、2张幻灯片,单击"切换"选项卡在切换效果列表中选择"溶解",勾选"自动换片"复选框,并设置时间为2 s,如图5-11所示。同理,选择第3到第9张幻灯片,在切换效果列表中选择"轮辐",设置自动换片为2 s。

图5-11　切换效果-溶解

(6)自定义按钮。单击"插入"选项卡中的"形状"按钮,在下拉列表中选择最后一行的"动作按钮:自定义"形状按钮,在幻灯片右下角拖放,绘制自定义按钮,在弹出的"动作设置"对话框,选择"超级链接到"单选按钮,在下拉列表中选择"第一张幻灯片",单击"确定"按钮,如图5-12所示,完成动作设置。再右击自定义按钮,在快捷菜单中选择"编辑文字"命令,输入"返回"两个字,再设置大小与字体等。

图5-12　按钮的动作设置

四、实验内容

【练习 5.1】小明同学接到辅导员交给的一项任务,把关于邢台学院文化传统内容制作成一个演示文稿。请你参考素材"邢台学院文化传统.docx",帮助他完成如下操作。

(1)建立标题幻灯片,主标题为"邢台学院文化传统",字体为华文琥珀,60 磅,绿色。副标题为"现教中心",方正舒体,40 磅。

(2)依据素材文本内容参照样张完成第 2 ~ 5 张幻灯片制作。第 2、3 张标题均为"一、邢台学院形象标识"。第 4、5 张标题为"二、邢台学院精神文化"。第 2、3 张版式为"标题和内容",第 4 张版式为"两栏内容"(有相应文字与图片),第 5 张版式为"标题和内容"。

(3)最后插入一个空白版式幻灯片,插入艺术字"欢迎你来求学!!!",使用艺术字预设样式中第二行第三列样式。在该幻灯片上部插入图片"2 校名.jpeg",幻灯片背景填充渐变颜色为"金色-暗橄榄绿渐变"。

(4)在第 1 张幻灯片右上角插入图片"1 校徽.jpeg",动画设置为回旋,从上一项开始,速度慢速。

(5)第 2 张幻灯片文本动画为缓慢进入。第 3 张文本动画为出现,按段落,效果设置动画文本"按字母"。

(6)第 1 张幻灯片中插入"邢台学院校歌.mp3"作为背景音乐,最后一张幻灯片的右下角插入自定义动作按钮"返回",链接到第一张片。

(7)所有幻灯片设置任意切换效果且各不相同。设置自动换片时间为 3 秒。

(8)文稿设计方案为"总结汇报"。

(9)保存文稿为"邢台学院文化传统介绍.dps",样张效果如图 5-13 所示。

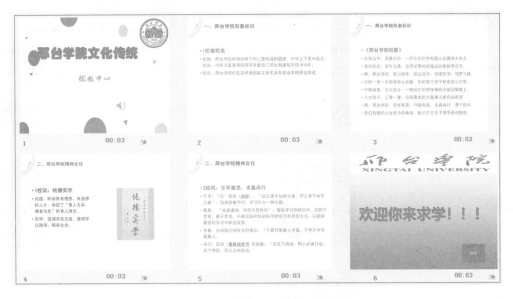

图 5-13　邢台学院文化传统介绍样张

【练习 5.2】刘老师正在准备有关《小企业会计准则》的培训课件。按下列要求帮助刘老师完成 PPT 课件的整合制作。

(1)将考生文件夹下的"小企业会计准则培训_素材.pptx"文件另存为"小企业会计准则培训.pptx"之后所有的操作均基于此文件,否则不得分。

(2)将第 1 张幻灯片的版式设置为"标题幻灯片",在该幻灯片的右下角插入"图片 1.jpg",依次为标题、副标题和新插入的图片设置不同的动画效果,并且指定动画出现顺序为图片、标题、副标题。

(3)取消第 2 张幻灯片中文本内容前的项目符号,并将最后两行落款和日期右对齐。将第 3 张幻灯片中的文本内容转换为"垂直框列表"类的智能图形。将第 9 张幻灯片的版式设置为"两栏内容",并在右侧的内容框中插入考生文件夹下的"图片 2.png"文件。将第 14 张幻灯片中的最后一段文字向右缩进两个级别。

(4)将第 15 张幻灯片自"(二)定性标准"开始拆分为标题同为"二、统一中小企业划分范畴"的两张幻灯片,并将考生文件夹下"表格素材"文件中表格对象放至第 15 张幻灯片下方,并为其应用一种表格样式。

(5)将考生文件夹下的"图片 3. png"插入到第 17 张幻灯片中,并适当调整图片大小。将最后一张幻灯片的版式设为"标题和内容",将图片"picl. gif"插入内容框中并适当调整其大小。将倒数第二张幻灯片的版式设为"内容与标题",参考"不定向循环图样例. png"文件,在幻灯片右侧的内容框中插入智能图形中的不定向循环图,并为其设置一种动画效果。

(6)为文稿应用任意三种不同的幻灯片切换方式。

(7)保存以上修改。

实验 5-2 文稿的高级操作

一、实验目的

(1)掌握幻灯片背景设置。

(2)掌握母版设计技术。

(3)掌握插入幻灯片编号与日期时间的方法。

(4)掌握文本链接的设置。

(5)掌握幻灯片分节的设置。

(6)掌握设置放映类型的方法。

(7)掌握根据文件中的文本内容设计文稿的常用方法。

二、相关知识点微课

幻灯片母版		制作超链接按钮	
创建超链接		幻灯片放映	
自动放映			

三、实验示例

【例 5.3】打开素材文件"PPT3. dps",按下列要求完成操作,并同名保存结果。样张如图 5-14 所示。

(1)在第 1 张幻灯片前插入一张版式为"标题幻灯片"的新幻灯片,主标题输入"邢台学院新生报到须知",并设置为黑体,65 磅,副标题输入"邢台学院学生处",并设置为仿宋,30 磅。

(2)将"报到地点"所在幻灯片的版式改为"两栏内容",文本设置为 27 磅,将当前文件夹下的图片文件"PPT1. jpg"插入到右侧内容区域。

（3）如样张所示，在隐藏背景图形的情况下，将第 1 张幻灯片背景填充渐变颜色为"线性渐变-左上到右下"。

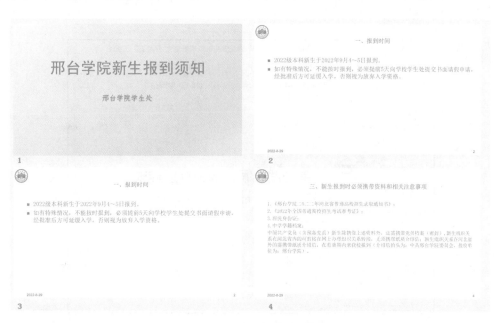

图 5-14　PPT3 新生报到须知样张

（4）通过母版技术，在每张幻灯片左上角插入图片"校徽.jpg"。

（5）通过母版技术，设置所有幻灯片标题为华文行楷，54 磅。

（6）在母版中插入日期与幻灯片编号，标题幻灯片不显示。

【解】具体操作步骤如下：

（1）插入标题片。

①插入新幻灯片并设置版式。打开素材文件"PPT3.dps"，单击"开始"选项卡中的"新建幻灯片"按钮在下拉列表中选择"新建幻灯片"，则在导航栏可看到在原第 1 张幻灯片的下方建立一个新片，并把它拖动到原第 1 张幻灯片的上面，调整成为第 1 张，再把该新幻灯片版式，通过"版式"按钮调整成"标题幻灯片"。

②设置标题文字格式。右击标题占位符边框，在快捷菜单中选择"字体"命令，打开"字体"对话框分别按题目要求设置主标题为黑体，65 磅，副标题为仿宋，30 磅。

（2）插入图片。把原第 2 张幻灯片（即标题为"报到地点"所在的幻灯片）版式更改为"两栏内容"后，单击右栏中的"插入图片"按钮，在"插入图片"对话框中，选择图片文件"PPT1.jpg"，单击"打开"按钮即可。调整适当大小与位置。

（3）背景格式。右击第 1 张幻灯片空白处，在快捷菜单中选择"设置背景格式"命令，在右侧打开的"对象属性"任务窗格中，勾选"隐藏背景图形"复选框，设置渐变填充为"线性渐变-左上到右下"，如图 5-15 所示。

（4）在母版中插入背景图。单击"视图"选项卡中的"幻灯片母版"按钮，鼠标指向左侧导航栏中的第一个幻灯片图形，指针旁会有提示"由幻灯 1～4 使用"，单击选中。再通过"插入"选项卡的"图"下拉列表按钮，插入图片文件"校徽.

图 5-15　"对象属性"任务窗格

jpg",移动到幻灯片的左上角再适当缩小,再在"幻灯片母版"选项卡中,单击"关闭"按钮,关闭母版视图,回到普通视图。可看到每张幻灯片左上角都插入了校徽图案(标题幻灯片渐变填充时已选择隐藏背景图形因此不显示校徽),如图 5-16 所示。

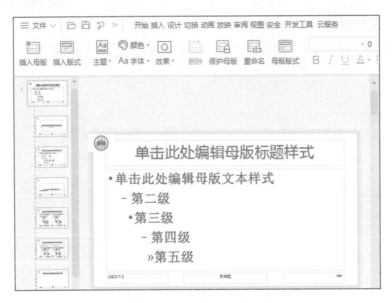

图 5-16　幻灯片母版导航窗格

(5)通过母版设置标题的统一字体格式。打开母版视图,选中导航栏第一个幻灯片缩略图(见图 5-16)。再选中标题占位符框线,通过"开始"选项卡中的字体设置功能按钮,将标题修改为华文行楷,54 磅,如图 5-17所示。

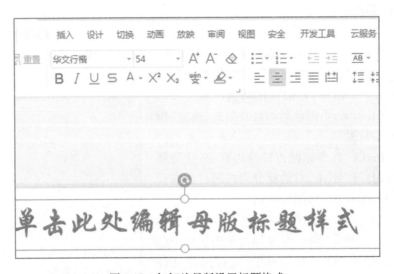

图 5-17　幻灯片母版设置标题格式

(6)通过母版设置日期与编号。进入母版设置界面,单击"插入"选项卡中的"日期和时间"(或幻灯片编号)按钮,打开"页眉和页脚"对话框,勾选"日期和时间""幻灯片编号""标题幻灯片不显示"三个复选框,如图 5-18 所示,单击"全部应用"按钮。设置完成,关闭母版。

【例 5.4】打开素材文件"PPT4.dps",按下列要求完成操作,并同名保存结果。

根据素材文件"百合花.wps"制作演示文稿,具体要求如下:

(1)插入 5 张幻灯片,版式依次为"标题幻灯片""标题和内容""标题和内容""标题与内容""竖排标题和文本";按照样张所示,使用提供的文档,补充幻灯片文本与图片内容。

(2)第 1 张幻灯片标题框中插入艺术字"百年好合",使用艺术字预设样式中第一行第三列样式。

图 5-18 设置日期与编号等

（3）在第 3 张幻灯片中插入当前试题文件夹下的图片"百合花"。

（4）给幻灯片分节，第 1 张幻灯片为第一节，节名"开始"，第 2～4 张幻灯片为第二节，节名"内容"，第 5 张幻灯片是第三节，节名"结束"。

（5）设置幻灯片的放映类型为"展台自动循环放映（全屏幕）"。

（6）保存该文稿后，再另存文件为"PPT04. dps"。

【解】具体操作步骤如下：

（1）文本转文稿。

①文本转文稿。打开文件百合花. wps，复制全文。打开文稿文件 ppt4. dps，切换到大纲视图下，把文本粘贴到导航窗格中。这时看到全部文本占用在首张幻灯片的标题位置，如图 5-19 所示。

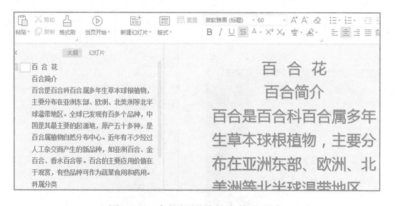

图 5-19 大纲视图导航窗格的文本

②文本分布到各幻灯片中。确认好文章的总标题与正文四个部分的小标题后，在导航窗格中，鼠标分别置于正文小标题文字"百合简介""科属分类""形态特征""生长习性"前按【Enter】键，会看到总标题与四部分正文共分成五个幻灯片，且文字均在各片标题占位符中，如图 5-20 所示。

③分布各幻灯片文字。在各幻灯片中，把标题占位符中占用文本位置的文字剪切下来，移动到幻灯片的文本占位符中。删除多余空行，调整字体格式与段落格式。设置格式可借助格式刷功能。完成后切换到幻灯片视图，如图 5-21 所示。

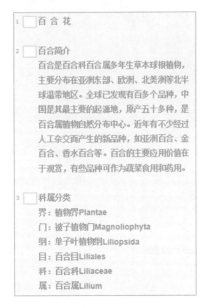

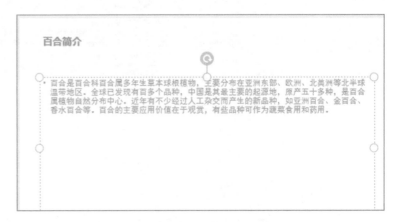

图5-20　大纲视图导航窗格分配文本　　　　　图5-21　标题中部分文字移动到文本占位符

（2）插入艺术字。在第1张幻灯片编辑窗口，单击"插入"选项卡中的"艺术字"按钮，插入第一行第三列样式的艺术字"百年好合"，如图5-22所示。

（3）插入图片。在第1张幻灯片编辑窗口，单击"插入"选项卡中的"图片"按钮，在弹出的"插入图片"对话框中，选择"百合花.jpg"文件，插入到幻灯片中，并调整合适位置与大小。

（4）分节。在导航窗格右击第1张幻灯片，快捷菜单中选"新增节"命令，则在上方出现"无标题节"字样，右击其在快捷菜单中选择"重命名节"命令，在打开的"重命名"对话框中输入节名"开始"，单击"重命名"按钮，完成节命名。这样依次在第2张幻灯片前新增节并重命名为"内容"，最后一张幻灯片前新增节并重命名为"结束"，如图5-23与图5-24所示。

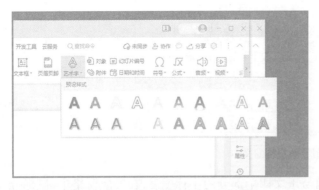

图5-22　插入艺术字第一行第三列样式　　　　　图5-23　新增节菜单

（5）放映类型。单击"幻灯片放映"选项卡中的"设置放映方式"按钮，打开"设置放映方式"对话框，选中"展台自动循环放映（全屏幕）"单选按钮，单击"确定"按钮即可，如图5-25所示。

（6）另存文件。单击快速工具栏中的"保存"按钮，保存以上编辑。选择"文件"→"另存为"命令，打开"另存文件"对话框，设置文件位置，文件类型为"WPS演示文件"，文件名为ppt04，单击"保存"按钮即可，如图5-26所示。

图 5-24　重命名节

图 5-25　"设置放映方式"对话框

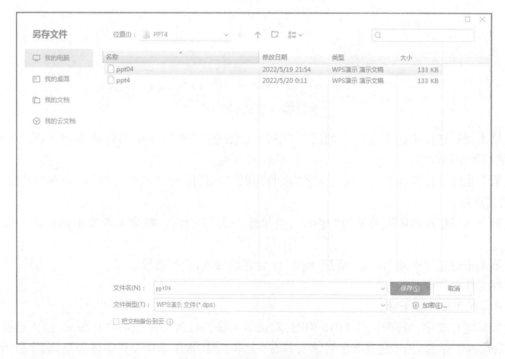

图 5-26　"另存文件"对话框

【例5.5】打开素材文件"PPT5.dps",按下列要求完成操作,并同名保存结果。

根据素材文件"水资源利用与节水.docx"制作演示文稿,具体要求如下:

(1)第1张幻灯片为标题幻灯片,主标题为"北京节水展馆",字体为黑体,字号60磅,颜色深蓝并添加阴影效果。副标题为"2015年11月15日",字体为黑体,40磅。

(2)第1张后面插入4张新幻灯片,其中第2、3、5张版式为"标题和内容",第4张版式为"两栏内容"。主题模板为"通用模板-翠绿"。

(3)在第3、4、5张幻灯片相应的标题与文本内容区域输入"水资源利用与节水.docx"文件中相应内容,如图5-27所示。

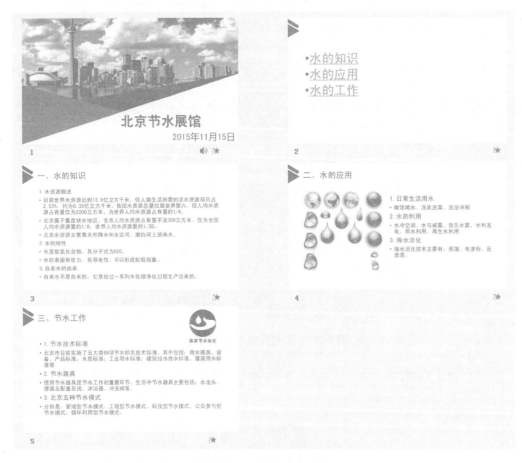

图5-27　节水展馆样张

(4)在第4张幻灯片中插入文件中的图片"节约用水.jpg",在第5张幻灯片中插入图片"节水标志.jpg",调整适当大小和位置。

(5)在第2张幻灯片内容中依次输入文字"水的知识""水的应用""水的工作"。分别为其建立超链接,指向对应的幻灯片。

(6)设置所用幻灯片的切换效果为"擦除",效果选项为"左上"。将第4、5张中两个图片设置动画为"轮子"。

(7)在第1张幻灯片中插入音乐"清晨.mp3"作为背景音乐,全程播放。

(8)保存文件。

【解】具体操作步骤如下:

(1)设置标题片文字。打开文件PPT5.DPS,默认第1张幻灯片为标题幻灯片版式,插入点置于主标题文本占位符,输入主标题文字"北京节水展馆",并在"文本工具"选项卡中设置字体为黑体,字号为60磅,蓝色,单击 S 添加阴影效果,如图5-28所示。副标题同理设置。

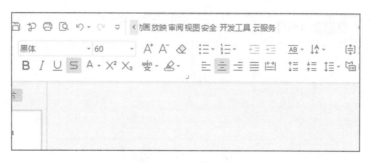

图 5-28　文本工具对话框

（2）插入幻灯片并设置版式与设计主题模板。打开"开始"选项卡中的"新建幻灯片"按钮列表,选择"新建幻灯片"项,插入一张新幻灯片,并通过"版式"按钮列表选择版式为"标题和内容"。如此连续插入第 3、4、5 张幻灯片,且第 4 张幻灯片版式为"两栏内容",其他为"标题与内容"版式。再选择"设计"选项卡中的模板"通用模板-翠绿",如图 5-29 所示。

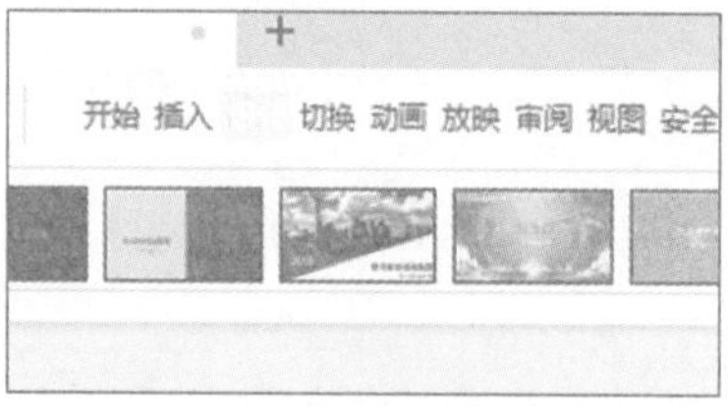

（3）建立完成各幻灯片内容。参照样张所示,通过复制"水资源利用与节水. docx"文件中相应文字内容粘贴到第 3、4、5 各幻灯片相应位置。其中第 4 张幻灯片中,文本占右栏位置。

（4）插入图片。在第 4 张幻灯片的左栏中插入图片"节约用水. jpg",在第 5 张幻灯片右上角插入图片"节水标志. jpg"。适当调整大小与位置。

图 5-29　通用模板翠绿

（5）建立导航目录幻灯片并设置链接。选择第 2 张幻灯片,文本内容中依次输入三行导航文字"水的知识""水的应用""水的工作"。选择"水的应用",右击后在快捷菜单中选择"超链接"命令,在打开的"插入超链接"对话框中选择"本文档中的位置",在位置列表中选择"3. 一、水的知识"项,单击"确定"按钮即可,如图 5-30 所示。再分别为"水的应用""节水工作"建立超链接,方法同上。

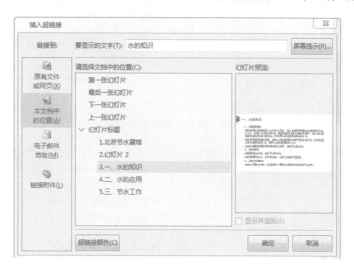

图 5-30　插入超链接对话框

（6）设置切换效果与图片动画

选择"切换"选项卡的切换方案"擦除",单击"效果选项"按钮,在下拉列表中选择"左上",并单击"应用到全部"按钮,如图 5-31 所示。

图 5-31　擦除切换效果

选择第 4 张幻灯片中的图片,单击"动画"选项卡中的方案"轮子"。用同样方法将第 5 张幻灯片中的节水标志图片同样设置动画为"轮子",如图 5-32 所示。

图 5-32　轮子动画

(7)设置背景音乐。

选择第 1 张幻灯片,单击"插入"选项卡中的"音频"按钮在下拉列表中选择"嵌入背景音乐"命令。打开如图 5-33 所示的"从当前页插入背景……"对话框。

图 5-33　嵌入背景音乐对话框

选择"清晨. mp3"文件后单击"打开"按钮,则自动设置该音乐文件为音乐背景。此时在"音频工具"选项卡可看到如图 5-34 所示的默认设置。

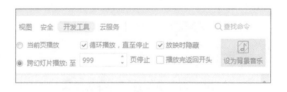

图 5-34　音频工具对话框

(8)保存以上修改,样张如图 5-27 所示。

四、实验内容

【练习 5.3】打开素材文件"西塘景点简介. dps",完成以下操作。

(1)设计主题方案为"通用模板-翠绿"。

(2)第 1 张幻灯片背景图片为"有色纸 2"纹理,隐藏背景图形。版式为标题幻灯片,主标题进入动画为"缓慢进入",副标题进入动画为"切入"。

(3)第 2 张幻灯片版式为两栏内容,文字在左,在右栏中插入任意一个基本形状,调整合适大小。

（4）第 3 张幻灯片文字段落为首行缩进 1.3 厘米。

（5）第 4 张幻灯片版式为"竖排标题与文本"，正文进入动画为"向内溶解"，动画文本为"整批发送"，声音为"风铃"。

（6）给第 2 张幻灯片中后两行目录文字分别添加超链接，链接到相应文字的幻灯片中，并给第 8、9 两张幻灯片添加动作按钮自定义，按钮文字"返回目录"。单击按钮时返回到第 2 张幻灯片。

（7）为所有幻灯片添加自动更新日期与编号，标题幻灯片中不显示。

（8）所有幻灯片切换效果为"擦除"。

（9）设置幻灯片母版，将所有幻灯片的标题文字设置为红色。

（10）第 10 张幻灯片背景填充渐变为"线性渐变-左上到右下"。

（11）设置放映方式为"循环放映，按 ESC 键终止"。

（12）保存以上操作。样张如图 5-35 所示。

图 5-35　西塘景点简介样张

【练习 5.4】导游小孟正在制作一份介绍首都北京的演示文稿，按照下列要求帮助她组织材料完成演示文稿的整合制作，完成后的演示文稿共包含 19 张幻灯片，其中不能出现空白幻灯片。

(1)将考生文件夹下的"WPS 演示素材. pptx"文件另存为"WPS 演示. pptx"之后所有的操作均基于此文件,否则不得分。

(2)为演示文稿应用考生文件夹下的设计主题"龙腾. thmx"(. thmx 为文件扩展名)。将该主题下所有幻灯片中的所有级别文本的字体格式均修改为"微软雅黑"、深蓝色、两端对齐,并设置文本溢出文本框时自动缩排文字。将"标题幻灯片"版式右上方的图片替换为"天坛. jpg"。

(3)为第 1 张幻灯片应用"标题幻灯片"版式,将副标题的文本颜色设为标准黄色,并为其中的对象按下列要求指定动画效果:

①令其中的天坛图片首先以中速"翻转式由远及近"方式进入,紧接着以中速"放大缩小"方式强调。

②再为其中的标题文本和副标题文本分别指定动画效果,其顺序为:自图片动画结束后,标题文本自动以慢速自左侧"飞入"进入、同时副标题文本以相同的速度自右侧"飞入"进入,1 s 后标题文本与副标题文本同时自动以慢速"飞出"方式按原进入方向退出;再过 2 s 后标题文本与副标题文本同时自动以非常慢的速度以"中心旋转"方式进入。

(4)为第 2 张幻灯片中的表格应用"中度样式 1-强调 6"样式,并设置隔行、隔列填充效果。

(5)为第 3 张幻灯片每项目录内容添加超链接,令其分别链接到本文档中相应的幻灯片。将考生文件夹下的图片"火车站. jpg"以 85% 的透明度设置为第 3 张幻灯片的背景。

(6)参考"朝代更迭"样例,在第 4 张幻灯片的空白处插入一个表示朝代更迭的智能图形,要求图形的布局与文字排列方式与样例一致,并适当更改图形的颜色及样式。

(7)为第 5 张幻灯片应用"两栏内容"版式,在右侧的内容框中插入图片"行政区划图. jpg",调整图片的大小及位置,为第 11、12、13 张幻灯片应用"标题和竖排文字"版式。

(8)参考文件"城市荣誉图. png"中的效果,将第 16 张幻灯片中的文本转换为"分离射线"布局的智能图形并进行适当设计,要求:

①以图片"水墨山水. jpg"为中间图形的背景。

②更改图形颜色及样式,并调整图形中文本的字体、字号和颜色与之适应。

③为图形添加动画效果,要求单击鼠标时其以 3 轮辐图案的轮子方式中速进入。

(9)为第 18 张幻灯片应用"标题和表格"版式。在幻灯片中插入一个 6 行 5 列的表格,表格内容存放于"表格素材. docx"文件中,且文本之间以制表符分割;取消表格中全部链接,改变该表格样式且取消标题行,令单元格中的人名水平垂直均居中排列。

(10)插入演示文稿"结束片. pptx"中的幻灯片作为第 19 张幻灯片,要求保留原设计主题与格式不变;为其中的艺术字"北京欢迎你!"添加按字母、自底部逐字"飞入"的动画效果,要求字母之间延迟 100%。

(11)在第 1 张幻灯片中插入音乐文件"北京欢迎你. mp3",当放映演示文稿时自动隐藏该音频图标,单击该幻灯片中的标题即可开始播放音乐,一直到第 18 张幻灯片后音乐自动停止。为演示文稿整体应用一个切换方式,自动换片时间设为 5 s。

(12)命名第 1 张幻灯片开始为"开始"节,最后一张幻灯片为"结束"节。

(13)保存以上修改。

第6章 因特网技术与应用实验

本章的目的是使学生熟练掌握因特网的基本操作,并能够在使用因特网的过程中灵活运用所学知识。主要内容包括因特网的浏览、信息检索、文件传输、通过 Internet 收发 E-mail 等。

实验6-1 网页浏览操作

一、实验目的

(1)掌握 Internet Explorer 浏览器的基本操作方法。

(2)掌握 Internet Explorer 浏览器的设置方法。

(3)掌握保存网页的操作方法。

二、实验示例

【例6.1】启动浏览器浏览网页。

在 Windows 早期的版本中都自带有 Internet Explorer(IE)浏览器,自 Windows 10 开始,微软公司推出了 Microsoft Edge 浏览器,目前 Windows 10 自带的浏览器是 Microsoft Edge。不过 Windows 10 在"Windows 附件"中还保留了 Internet Explorer 选项,对于仍然习惯使用 IE 浏览器的用户,在 Windows 10 中还可以继续使用 IE 浏览器。

通常在计算机上,还会安装有第三方的浏览器,这些浏览器使用起来也很方便。目前,使用比较广泛的浏览器除了 Windows 自带的 IE 或 Edge 浏览器外,还有 360 浏览器、傲游浏览器(Maxthon)、火狐浏览器(Firefox)、谷歌浏览器等。这些浏览器无论使用方法还是设置方法都与 IE 浏览器大同小异,所以这里以 IE 浏览器为例,介绍浏览器的使用。

【解】具体操作步骤如下:

(1)在"开始"菜单的"Windows 附件"中选中 Internet Explorer,启动 IE 浏览器。

(2)在地址栏中输入要访问的地址,这里输入中国教育考试网的网址 http://chaxun. neea. edu. cn/,则链接后的窗口如图 6-1 所示。

(3)在图 6-1 中,单击主页中的"考试项目"链接,就可以打开其相关页面,如图 6-2 所示。

图6-1 中国教育考试网主页

图 6-2 "考试项目"所对应的页面

【例 6.2】Internet Explorer 浏览器的设置。

(1)设置起始页。

(2)建立和使用个人收藏夹。

(3)设置临时文件夹加快访问速度。

【解】具体操作步骤如下：

(1)设置起始页。

① 单击 IE 浏览器标题栏右侧齿轮状图标(工具)，在下拉菜单中选择"Internet 选项"命令，打开"Internet 选项"对话框，在对话框中选择"常规"选项卡，如图 6-3 所示。

② 在"地址"文本框中输入所选 Internet Explorer 起始页的 URL 地址，这里输入 http://www.hebut.edu.cn。

③ 设置完成后单击"确定"按钮。

进行上述设置后，每次启动 Internet Explorer 浏览器都将该网址对应的主页自动载入。

- 在该对话框中单击"使用当前页"按钮，可将当前正在浏览的网页设置成为起始页面。
- 在该对话框中单击"使用默认值"按钮，可将微软公司的一个网站主页设置为起始页面。
- 在该对话框中单击"使用新标签页"按钮，则在每次启动 Internet Explorer 浏览器时，都会打开一个新的标签页。
- 如果想把存储在本地计算机磁盘上的某个主页指定为 IE 起始页，只要在"主页"文本框中输入该主页的路径和文件名即可。

(2)建立和使用个人收藏夹。

① 单击 IE 浏览器标题栏右侧五角星状图标(查看收藏夹、源和历史记录)，展开下拉的区域，如图 6-4 所示。

图 6-3 "Internet 选项"对话框

图 6-4 查看收藏夹、源和历史记录

② 单击"添加收藏夹"右侧的下拉按钮,在下拉菜单中选择"添加到收藏夹"命令,打开"添加收藏"对话框,如图6-5 所示。此时,"名称"文本框中显示了当前 Web 页的名称,也可以根据需要,对"名称"文本框中的内容进行修改,为当前 Web 页起一个新的名称。

③ 单击"新建文件夹"按钮,可以在收藏夹中创建一个新的文件夹,便于按类管理收藏的网页。"创建位置"下拉

图 6-5 "添加到收藏夹"对话框

列表列出收藏夹下其他位置,选择某一位置(文件夹),可以将网页收藏在指定位置(文件夹)下。

④ 最后单击"添加"按钮,将 Web 页的 URL 地址存入到"收藏夹"中。

在建立好收藏夹后,再浏览网页时,可以打开收藏夹,从中选择要浏览的 Web 页。

(3)设置临时文件夹加快访问速度。

① 在 IE 浏览器标题栏右侧单击"工具"(齿轮状图标),在下拉菜单中选择"Internet 选项"命令,打开"Internet 选项"对话框。

② 在"常规"选项卡的"浏览历史记录"组中单击"设置"按钮,打开"网站数据设置"对话框,如图6-6 所示。

③ 在"使用的磁盘空间"处输入为临时文件设置的空间容量(这里输入 330 MB)。通过设置足够的磁盘空间存放临时文件,可以在访问那些经常去的网站时,大量的网页信息只从本地临时文件夹中读取即可,而无须再去网站下载,从而提高访问速度。

图 6-6 "网站数据设置"对话框

④ 如果想查看一下临时文件,可单击"查看文件"按钮,可以打开 Windows 目录下的 INetCache 文件夹窗口,在该窗口中列出了所有的临时文件。

【例6.3】保存网页内容。

【解】具体操作步骤如下:

(1)在 IE 浏览器标题栏右侧单击"工具"(齿轮状图标),在下拉菜单中选择"文件"命令,在打开的级联菜单中选择"另存为"命令,打开"保存网页"对话框,如图6-7 所示。

图 6-7 "保存网页"对话框

(2) 在"保存类型"下拉列表框中设置存储格式。网页保存为文件通常有下面四种格式：

①网页、全部：可以保留布局和排版的全部信息及页面中的图像，可以用 IE 进行脱机浏览。一般主文件名以 .htm 或 .html 作为文件扩展名，图像及其他信息保存在主文件名以 .files 格式命名的文件夹中。

②Web 档案、单一文件：将页面的布局排版和图像等信息保存在一个单一的文件中，扩展名为 .mht，可以用 IE 打开并脱机浏览此类型的文件。

③网页，仅 HTML：可以保留全部文字信息；可以用 IE 进行脱机浏览，但不包括图像和其他相关信息。一般以 .htm 或 .html 作为文件扩展名。

④文本文件：仅保存主页中的文字信息，多媒体信息全部丢失，一般以 .txt 作为文件扩展名。

(3) 选定磁盘和文件夹指定保存网页文件的位置（这里是 D:\\lx\\chai 文件夹）。

(4) 在"文件名"文本框中输入文件名，然后单击"保存"按钮。

【例 6.4】保存网页图片。

【解】具体操作步骤如下：

(1) 右击网页图片，在弹出的快捷菜单中选择"图片另存为"命令，打开"保存图片"对话框。

(2) 在"保存图片"对话框中选择要保存的目录，输入文件名称。根据网页中图片的格式，保存类型中会出现 GIF、JPG 或 BMP 等文件类型，从中选择一种图片格式，单击"保存"按钮。

【例 6.5】保存网页部分文本。

【解】具体操作步骤如下：

(1) 在浏览器窗口的网页上选取一段文本，右击后在弹出的快捷菜单中选择"复制"命令，或直接按【Ctrl + C】组合键，将被选取的文本复制到剪贴板。

(2) 在其他软件（如 Word）中粘贴剪贴板中的文字并进行保存处理。

实验 6-2　因特网信息检索操作

一、实验目的

(1) 了解因特网上各种检索信息的手段。

(2) 掌握利用搜索引擎检索信息的方法。

(3) 了解中文搜索引擎的用法。

二、实验示例

【例 6.6】信息检索的应用。

(1) 利用百度进行关键词检索。

(2) 设置高级查询选项。

(3) 专用搜索引擎的使用。

【解】具体操作步骤如下：

(1) 利用百度进行关键词检索。

① 启动 IE 浏览器，在"地址"栏中输入 http://www.baidu.com，窗口中就出现了百度的主页，如图 6-8 所示。

② 在百度主页的搜索框中输入需要查找的检索词，如"河北工业大学"，单击"百度一下"按钮或按【Enter】键开始查询。图 6-9 给出了百度检索完成后，所有包含"河北工业大学"的相关网站的索引信息。

图 6-8　百度主页

图 6-9　关键词查询的结果

(2)设置高级查询选项。接第(1)步的操作,由于查询到的页面太多,为此需要使用查询语法来缩小查询范围,假设需要查找河北工业大学计算机科学与软件学院近期关于研究生开题报告的相关信息,可以在百度主页的搜索框中输入使用空格或者逗号分隔开的关键字,例如"河北工业大学 计算机科学与软件学院 研究生开题报告",单击"百度一下"按钮,就会得到详细的搜索结果,其中关键字会以红色来突出显示。

(3)专用搜索引擎的使用。

①在图 6-8 所示百度主页中单击"学术"链接(或在浏览器中输入 xueshu.baidu.com),打开百度学术搜索引擎页面,如图 6-10 所示。

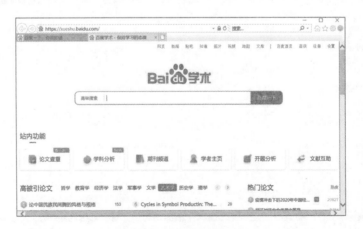

图 6-10　百度的学术搜索

②在搜索框中输入要搜索的主题名称,例如"关于智能制造的应用"。

③ 单击"百度一下"按钮,即可检索出所有与"关于智能制造的应用"相关的文章,如图 6-11 所示。

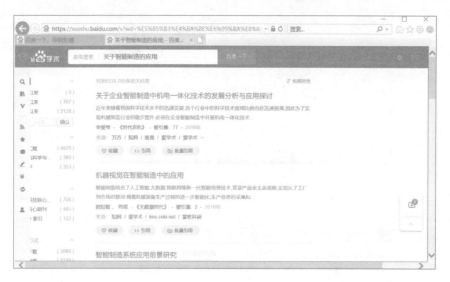

图 6-11　搜索结果

实验 6-3　文件下载操作

一、实验目的

(1)掌握从实验教学资源网站下载文件的方法。

(2)了解从 WWW 网站下载文件的方法。

二、实验示例

【例 6.7】从实验教学资源网站下载文件。

【解】具体操作步骤如下:

(1)启动 IE 浏览器。

(2)在地址栏中输入要访问的实验教学资源网站地址,这里输入网址 http://w. scse. hebut. edu. cn,则链接到实验教学资源网的首页,如图 6-12 所示。

图 6-12　登录实验教学资源网站

（3）在"大学计算思维"分组下单击"新版练习系统"链接,此时在窗口下方出现如图 6-13 所示提示框。单击"运行"按钮,即可直接运行对应的安装程序(IT2021.exe),安装完成后即可使用该教学资源。

图 6-13　下载提示框

（4）也可以单击"保存"按钮旁边的下拉按钮,在打开的下拉菜单中选择"另存为"命令,此时打开"另存为"对话框,如图 6-14 所示。在对话框中选择保存的磁盘或文件夹(如 D:\\lx\\chai),然后单击"保存"按钮,即可将实验教学资源网站中的教学资源(IT2021.exe)下载到本地计算机中。待全部下载工作完成后,就可以在 D 盘的 lx\\chai 文件夹中看到 IT2021.exe 文件,运行该文件即可使用该教学资源。

图 6-14　"另存为"对话框

【例 6.8】从 WWW 网站下载文件。

【解】具体操作步骤如下:

（1）启动 Internet Explorer 浏览器,在"地址"文本框中输入 http://xiazai.zol.com.cn/,进入网站的主页,如图 6-15 所示。

图 6-15　软件下载网站

（2）依次选择"软件分类"→"网络工具"→"下载工具"，在打开的"下载工具"页面找到所需软件（如"迅雷极速版"软件），如图 6-16 所示。从页面中可了解到该软件的大小、功能简介、软件版本等信息。

（3）单击"下载"按钮，即可开始下载软件。

图 6-16　WWW 网站下载软件

实验 6-4　电子邮件操作

一、实验目的

（1）进一步掌握在因特网上收发 E-mail 的方法。

（2）掌握一般邮箱的操作方法。

二、实验示例

【例 6.9】电子邮件操作。

（1）登录邮箱。

（2）写邮件和发邮件。

（3）对收到的邮件进行处理。

【解】具体操作步骤如下：

（1）登录邮箱。

①启动 IE 浏览器，在地址栏中输入 http://mail.163.com，进入网易主页，如图 6-17 所示。

②输入邮箱的账号和密码，进入自己的邮箱，界面如图 6-18 所示。

图 6-17　网易电子邮箱登录界面

图 6-18　网易邮箱窗口

（2）写邮件和发邮件。

①在邮箱窗口中单击"写信"按钮，打开写邮件界面，如图 6-19 所示。

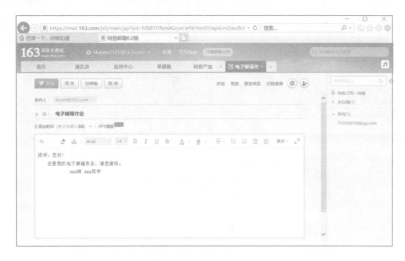

图 6-19　写邮件窗口

- 收件人：在该处输入对方的 E-mail 地址。如果需要将邮件同时发给几个人，可以在后面依次写上地址，地址中间用分号"；"隔开。
- 抄送：如果需要将这封邮件抄送给某人，首先单击"添加抄送"，在打开的"抄送人"处输入要抄送的地址。对于抄送人，所有收件人都能知道邮件同时抄送给了他。
- 密送：如果需要将这封邮件密送给某人，可单击"添加密送"，在弹出的"密送人"处写好地址。选择密送，对其他收件人来说，不知道该邮件同时发给了密送的人。
- 主题：在该处输入邮件的主题。写清主题可以使收件人了解邮件是哪方面的内容。

② 在邮件内容编辑区输入、编辑邮件的内容。

③单击"发送"按钮，即可将邮件发出，同时将邮件保存到"已发送"中。

④ 如果写好的邮件暂时不发送，可单击"存草稿"，将其暂时保存在"草稿箱"中。

（3）对收到的邮件进行处理。

①在图 6-18 所示邮箱窗口中单击"收件箱"，即可看到收到邮件的列表。对于已经阅读过的邮件，用正常字体显示主题，对于没阅读过的邮件，以加粗的方式显示。如果邮件标题后面带有"回形针"标记，表示该邮件带有附件。

②阅读邮件：选择需要阅读的邮件并单击邮件的主题，即可打开这封邮件，如图 6-20 所示。

③回复电子邮件：在阅读邮件窗口单击"回复"，此时又进入写邮件的界面，此时收件人处自动写上发来邮件人的地址，主题处在原邮件主题前加了"Re："。在编辑邮件窗口中会带有原邮件的内容，输入回信内容后，单击"发送"按钮，将邮件回复。

④转发电子邮件：在阅读邮件窗口单击"转发"按钮，又进入写邮件的界面，此时主题处在原邮件主题前加了"Fw："。在收件人处输入需要转发的地址，单击"发送"按钮，即可将邮件转发出去。

⑤删除电子邮件：单击"删除"按钮，即可将当前邮件删除（放入到"已删除"）。如果在"收件箱"的邮件列表中选中多个不需要的邮件，单击"删除"按钮，可以同时删除多个邮件。

图 6-20　阅读邮件窗口

附录 A 大学计算机基础理论练习

一、练习题(以下均为单选题,每题只有一个正确答案)

1. 下列叙述中,正确的是(　　)。
A. CPU 能直接读取硬盘上的数据　　　　B. CPU 能直接存取内存储器
C. CPU 由存储器、运算器和控制器组成　　D. CPU 主要用来存储程序和数据

2. 1946 年首台电子数字计算机 ENIAC 问世后,冯·诺依曼在研制 EDVAC 计算机时,提出两个重要的改进,它们是(　　)。
A. 引入 CPU 和内存储器的概念　　　　B. 采用机器语言和十六进制
C. 采用二进制和存储程序控制的概念　　D. 采用 ASCII 编码系统

3. 汇编语言是一种(　　)。
A. 依赖于计算机的低级程序设计语言　　B. 计算机能直接执行的程序设计语言
C. 独立于计算机的高级程序设计语言　　D. 面向问题的程序设计语言

4. 假设某台式计算机的内存储器容量为 128 MB,硬盘容量为 10 GB。硬盘的容量是内存容量的(　　)。
A. 40 倍　　　　　B. 60 倍　　　　　C. 80 倍　　　　　D. 100 倍

5. 计算机的硬件主要包括:中央处理器(CPU)、存储器、输出设备和(　　)。
A. 键盘　　　　　B. 鼠标　　　　　C. 输入设备　　　　　D. 显示器

6. 20 GB 的硬盘表示容量约为(　　)。
A. 20 亿个字节　　　　　　　　B. 20 亿个二进制位
C. 200 亿个字节　　　　　　　　D. 200 亿个二进制位

7. 在一个非零无符号二进制整数之后添加一个 0,则此数的值为原数的(　　)。
A. 4 倍　　　　　B. 2 倍　　　　　C. 1/2 倍　　　　　D. 1/4 倍

8. Pentium(奔腾)微机的字长是(　　)。
A. 8 位　　　　　B. 16 位　　　　　C. 32 位　　　　　D. 64 位

9. 下列关于 ASCII 编码的叙述中,正确的是(　　)。
A. 一个字符的标准 ASCII 码占一个字节,其最高二进制位总为 1
B. 所有大写英文字母的 ASCII 码值都小于小写英文字母 a 的 ASCII 码值
C. 所有大写英文字母的 ASCII 码值都大于小写英文字母 a 的 ASCII 码值
D. 标准 ASCII 码表有 256 个不同的字符编码

10. 在 CD 光盘上标记有"CD-RW"字样,"RW"标记表明该光盘是(　　)。
A. 只能写入一次,可以反复读出的一次性写入光盘
B. 可多次擦除型光盘
C. 只能读出,不能写入的只读光盘
D. 其驱动器单倍速为 1 350 KB/s 的高密度可读写光盘

11. 一个字长为 5 位的无符号二进制数能表示的十进制数值范围是(　　)。
A. 1 ~ 32　　　　　B. 0 ~ 31　　　　　C. 1 ~ 31　　　　　D. 0 ~ 32

12. 计算机病毒是指"能够侵入计算机系统并在计算机系统中潜伏、传播,破坏系统正常工作的一种具有繁殖能力的(   )"。

    A. 流行性感冒病毒   B. 特殊小程序

    C. 特殊微生物   D. 源程序

13. 在计算机中,每个存储单元都有一个连续的编号,此编号称为(   )。

    A. 地址   B. 位置号   C. 门牌号   D. 房间号

14. 在所列出的:①字处理软件,②Linux,③UNIX,④学籍管理系统,⑤Windows 7 和⑥Office 2010 这六个软件中,属于系统软件的有(   )。

    A. ①,②,③   B. ②,③,⑤

    C. ①,②,③,⑤   D. 全部都不是

15. 为实现以 ADSL 方式接入 Internet,至少需要在计算机中内置或外置的一个关键硬设备是(   )。

    A. 网卡   B. 集线器

    C. 服务器   D. 调制解调器(Modem)

16. 在下列字符中,其 ASCII 码值最小的一个是(   )。

    A. 空格字符   B. 0   C. A   D. a

17. 十进制数 18 转换成二进制数是(   )。

    A. 010101   B. 101000   C. 010010   D. 001010

18. 有一域名为 bit. edu. cn,根据域名代码的规定,此域名表示(   )。

    A. 政府机关   B. 商业组织   C. 军事部门   D. 教育机构

19. 用助记符代替操作码、地址符号代替操作数的面向机器的语言是(   )。

    A. 汇编语言   B. FORTRAN 语言   C. 机器语言   D. 高级语言

20. 在下列设备中,不能作为微机输出设备的是(   )。

    A. 打印机   B. 显示器   C. 鼠标器   D. 绘图仪

21. 在 WPS 表格中 RANK 函数的功能是(   )。

    A. 求和   B. 获取当前日期   C. 求平均数   D. 排序

22. WPS 表格使用(   )选项卡中的"行和列"命令,调整行高和列宽。

    A. 表格样式   B. 开始   C. 页面布局   D. 数据

23. 下面(   )不是 WPS 表格的选项卡命令。

    A. 插入   B. 审阅   C. 公式   D. 章节

24. 按住 Ctrl 键,用鼠标左键拖动工作表标签,就可以复制一个(   ),新工作表和原工作表内容一样。

    A. 工作表标签   B. 工作簿   C. 工作表   D. 单元格

25. 单元格都有一个自己的地址,该地址由这个单元格的列序号 + 行序号组成,列序号在前,行序号在后。下面(   )是不正确的单元格地址。

    A. A1:E90   B. W70   C. AB18   D. 19A

26. 在 WPS 表格的工作表中输入数据时,先单击目标单元格,输入数据后,按(   )键(或单击数据编辑栏上的"确认"按钮)结束输入。

    A. F4   B. Ctrl   C. 空格键   D. Enter

27. 在单元格中输入身份证号码、电话号码等比较长的数值时,WPS 表格会自动帮助用户识别为(   )。

    A. 小数   B. 科学计数法   C. 数字字符串   D. 特殊格式

28. WPS 表格能根据预设的规则对键入的数据进行检查,以验证键入的数据是否合乎要求。这一功能通过设置(   )来实现。

    A. 数据有效性   B. 保护工作表   C. 保护工作簿   D. 条件格式

29. 下列功能中,(　　)是 WPS 中的特有功能。

A. 设置边框格式　　　　　　　　　　B. 填充序列

C. 设置人民币大写　　　　　　　　　D. 设置字体颜色

30. (　　)是 WPS 表格中查找和处理数据的快捷方法,执行时并不重排数据,只是暂时隐藏不必显示的行。

A. 排序　　　　　　B. 合并计算　　　　　　C. 筛选　　　　　　D. 分类汇总

31. WPS 表格的(　　)可以在同一要素下选择多个条件进行筛选,也可以选择不同的要素同时进行筛选。

A. 多重条件筛选　　　　　　　　　　B. 文本转换成链接

C. 降序排列　　　　　　　　　　　　D. 重复项

32. WPS 表格中常见的图表类型有柱形图、折线图、条形图和(　　)。

A. 并打和缩放　　　B. 画图　　　　　　C. 打印预览　　　　D. 饼图

33. WPS 表格中要设置"保护工作表"功能,使用"审阅"选项卡中的(　　)命令。

A. 锁定单元格　　　　　　　　　　　B. 保护工作簿

C. 保护工作表　　　　　　　　　　　D. 共享工作簿

34. WPS 表格中关于函数的描述,不正确的是(　　)。

A. 函数名的后面必须有一对括号　　　B. 函数必须有函数名

C. 函数必须有参数　　　　　　　　　D. 函数各参数之间用逗号分隔

35. 利用 WPS 演示制作的演示文稿的扩展名为(　　)。

A. . doc　　　　　　B. . et　　　　　　C. . wps　　　　　　D. . dps

36. WPS 演示的视图方式有(　　)种。

A. 6　　　　　　　　B. 5　　　　　　　　C. 4　　　　　　　　D. 3

37. 播放和结束播放演示文稿的快捷键分别是(　　)。

A. Alt + F4 和 End　　　　　　　　　B. F1 和 Enter

C. F5 和 End　　　　　　　　　　　　D. F5 和 Esc

38. WPS 演示的主要功能是(　　)。

A. 适宜制作各种文档资料　　　　　　B. 适宜制作演示文稿

C. 适宜进行电子表格计算和框图处理　D. 适宜进行数据库处理

39. 要想使同一张图片出现在每个演示页(除标题页外)的相同位置,应该在(　　)中添加该图片。

A. 标题页母版　　　　　　　　　　　B. 正文页母版

C. 幻灯片任务窗格　　　　　　　　　D. 浏览视图

40. (　　)视图方式下,显示的是幻灯片的缩图,适用于对幻灯片进行组织和排序,添加切换功能和设置放映时间。

A. 普通视图　　　　　　　　　　　　B. 幻灯片放映视图

C. 幻灯片浏览视图　　　　　　　　　D. 母版视图

41. 演示文稿文件中的每一张演示单页称为(　　)。

A. 旁白　　　　　　B. 讲义　　　　　　C. 幻灯片　　　　　D. 备注

42. 演示时设置黑屏和白屏的快捷键分别是(　　)。

A. B、W　　　　　　B. W、B　　　　　　C. C、W　　　　　　D. W、C

43. 下列选项中用来设置文字大小的是(　　)。

A. 字形　　　　　　B. 字号　　　　　　C. 字体　　　　　　D. 字符间距

44. 当"打印内容"设定为"讲义"方式时,一张纸上最多可以打印的演示页数为(　　)。

A. 9　　　　　　　　B. 6　　　　　　　　C. 3　　　　　　　　D. 1

45. 世界上公认的第一台电子计算机诞生的年代是(　　　)。

A. 20 世纪 30 年代　　　　　　　　　　B. 20 世纪 40 年代

C. 20 世纪 80 年代　　　　　　　　　　D. 20 世纪 90 年代

46. 构成 CPU 的主要部件是(　　　)。

A. 内存和控制器　　　　　　　　　　B. 内存、控制器和运算器

C. 高速缓存和运算器　　　　　　　　D. 控制器和运算器

47. 十进制数 29 转换成无符号二进制数等于(　　　)。

A. 11111　　　　　B. 11101　　　　　C. 11001　　　　　D. 11011

48. 10 GB 的硬盘表示其存储容量为(　　　)。

A. 一万个字节　　　　　　　　　　　B. 一千万个字节

C. 一亿个字节　　　　　　　　　　　D. 一百亿个字节

49. 组成微型机主机的部件是(　　　)。

A. CPU、内存和硬盘　　　　　　　　B. CPU、内存、显示器和键盘

C. CPU 和内存　　　　　　　　　　　D. CPU、内存、硬盘、显示器和键盘

50. 已知英文字母 m 的 ASCII 码值为 6DH,那么字母 q 的 ASCII 码值是(　　　)。

A. 70H　　　　　　B. 71H　　　　　　C. 72H　　　　　　D. 6FH

51. 一个字长为 6 位的无符号二进制数能表示的十进制数值范围是(　　　)。

A. 0 ~ 64　　　　　B. 1 ~ 64　　　　　C. 1 ~ 63　　　　　D. 0 ~ 63

52. 下列设备中,可以作为微机输入设备的是(　　　)。

A. 打印机　　　　　B. 显示器　　　　　C. 鼠标器　　　　　D. 绘图仪

53. 操作系统对磁盘进行读/写操作的单位是(　　　)。

A. 磁道　　　　　　B. 字节　　　　　　C. 扇区　　　　　　D. KB

54. 一个汉字的国标码需用 2 字节存储,其每个字节的最高二进制位的值分别为(　　　)。

A. 0,0　　　　　　B. 1,0　　　　　　C. 0,1　　　　　　D. 1,1

55. 下列各类计算机程序语言中,不属于高级程序设计语言的是(　　　)。

A. Visual Basic　　　　　　　　　　B. FORTAN 语言

C. Pascal 语言　　　　　　　　　　　D. 汇编语言

56. 在下列字符中,其 ASCII 码值最大的一个是(　　　)。

A. 9　　　　　　　B. Z　　　　　　　C. d　　　　　　　D. X

57. 下列关于计算机病毒的叙述中,正确的是(　　　)。

A. 反病毒软件可以查杀任何种类的病毒

B. 计算机病毒是一种被破坏了的程序

C. 反病毒软件必须随着新病毒的出现而升级,提高查、杀病毒的功能

D. 感染过计算机病毒的计算机具有对该病毒的免疫性

58. 下列各项中,非法的 Internet 的 IP 地址是(　　　)。

A. 202.96.12.14　　　　　　　　　　B. 202.196.72.140

C. 112.256.23.8　　　　　　　　　　D. 201.124.38.79

59. 计算机的主频指的是(　　　)。

A. 软盘读写速度,用 Hz 表示　　　　B. 显示器输出速度,用 MHz 表示

C. 时钟频率,用 MHz 表示　　　　　　D. 硬盘读写速度

60. 计算机网络分为局域网、城域网和广域网,下列属于局域网的是(　　　)。

A. China DDN 网　　　　　　　　　　B. Novell 网

C. Chinanet 网　　　　　　　　　　　D. Internet

61. 将发送端数字脉冲信号转换成模拟信号的过程称为(　　　)。

A. 数字信道传输　　　B. 解调　　　C. 链路传输　　　D. 调制

62. 不属于 TCP/IP 参考模型中的层次是(　　　)。

A. 应用层　　　B. 会话层　　　C. 互联层　　　D. 传输层

63. 实现局域网与广域网互联的主要设备是(　　　)。

A. 交换机　　　B. 集线器　　　C. 网桥　　　D. 路由器

64. 下列各项中,不能作为 IP 地址的是(　　　)。

A. 10. 2. 8. 112　　　B. 202. 205. 17. 33

C. 222. 234. 256. 240　　　D. 159. 225. 0. 1

65. 下列各项中,不能作为域名的是(　　　)。

A. www. cernet. edu. cn　　　B. news. baidu. com

C. ftp. pku. edu. cn　　　D. www,cba. gov. cn

66. 在 Internet 中完成从域名到 IP 地址或者从 IP 地址到域名转换的是(　　　)。

A. WWW　　　B. ADSL　　　C. DNS　　　D. FTP

67. IE 浏览器收藏夹的作用是(　　　)。

A. 记忆感兴趣的页面内容　　　B. 收集感兴趣的页面地址

C. 收集感兴趣的文件名　　　D. 收集感兴趣的文件内容

68. 关于电子邮件,下列说法中错误的是(　　　)。

A. 必须知道收件人的 E-mail 地址　　　B. 发件人必须有自己的 E-mail 账户

C. 可以使用 Outlook 管理联系人信息　　　D. 收件人必须有自己的邮政编码

69. 关于使用 FTP 下载文件,下列说法中错误的是(　　　)。

A. 登录 FTP 不需要账户和密码　　　B. FTP 即文件传输协议

C. FTP 使用客户机/服务器模式工作　　　D. 可以使用专用的 FTP 客户机下载文件

70. 无线网络相对于有线网络来说,它的优点是(　　　)。

A. 设备费用低廉　　　B. 传输速度更快,误码率更低

C. 组网安装简单,维护方便　　　D. 网络安全性好,可靠性高

71. 关于流媒体技术,下列说法中错误的是(　　　)。

A. 媒体文件全部下载完成后才可以播放

B. 流媒体技术可以实现边下载边播放

C. 流媒体格式包括. asf、rm、ra 等

D. 流媒体可用于远程教育、在线直播等方面

72. 下列描述中,正确的是(　　　)。

A. 光盘驱动器属于主机,而光盘属于外设

B. 摄像头属于输入设备,而投影仪属于输出设备

C. U 盘即可以用作外存,也可以用作内存

D. 硬盘是辅助存储器,不属于外设

73. 在下列字符中,其 ASCII 码值最大的一个是(　　　)。

A. 9　　　B. Q　　　C. d　　　D. F

74. 把内存中数据传送到计算机的硬盘中的操作称为(　　　)。

A. 显示　　　B. 写盘　　　C. 输入　　　D. 读盘

75. 用高级程序设计语言编写的程序(　　　)。

A. 计算机能直接执行　　　B. 具有良好的可读性和可移植性

C. 执行效率高但可读性差　　　D. 依赖于具体机器,可移植性差

76. 下列软件中,属于系统软件的是(　　)。

A. 办公自动化软件 　　　　　　　　B. Windows 10

C. 管理信息系统 　　　　　　　　　D. 指挥信息系统

77. 已知英文字母 m 的 ASCII 码值为 6DH,那么 ASCII 码值为 71H 的英文字母是(　　)。

A. M 　　　　　　B. j 　　　　　　C. p 　　　　　　D. q

78. 控制器的功能是(　　)。

A. 指挥、协调计算机各部件工作 　　　B. 进行算术运算和逻辑运算

C. 存储数据和程序 　　　　　　　　D. 控制数据的输入和输出

79. 计算机的技术性能指标主要是指(　　)。

A. 计算机所配备的语言、操作系统、外部设备

B. 硬盘的容量和内存的容量

C. 显示器的分辨率、打印机的性能等配置

D. 字长、运算速度、内/外存容量和 CPU 的时钟频率

80. 在下列关于字符大小关系的说法中,正确的是(　　)。

A. 空格 > a > A 　　　　　　　　　B. 空格 > A > a

C. a > A > 空格 　　　　　　　　　D. A > a > 空格

81. 声音与视频信息在计算机内的表现形式是(　　)。

A. 二进制数字 　　B. 调制 　　　　C. 模拟 　　　　D. 模拟或数字

82. 计算机系统软件中最核心的是(　　)。

A. 语言处理系统 　　　　　　　　　B. 操作系统

C. 数据库管理系统 　　　　　　　　D. 诊断程序

83. 下列关于计算机病毒的说法中,正确的是(　　)。

A. 计算机病毒是一种有损计算机操作人员身体健康的生物病毒

B. 计算机病毒发作后,将造成计算机硬件永久性的物理损坏

C. 计算机病毒是一种通过自我复制进行传染的,破坏计算机程序和数据的小程序

D. 计算机病毒是一种有逻辑错误的程序

84. 能直接与 CPU 交换信息的存储器是(　　)。

A. 硬盘存储器 　　B. CD-ROM 　　C. 内存储器 　　D. 软盘存储器

85. 下列叙述中,错误的是(　　)。

A. 把数据从内存传输到硬盘的操作称为写盘

B. WPS Office 2019 属于系统软件

C. 把高级语言源程序转换为等价的机器语言目标程序的过程叫编译

D. 计算机内部对数据的传输、存储和处理都使用二进制

86. 以下关于电子邮件的说法,不正确的是(　　)。

A. 电子邮件的英文简称是 E-mail

B. 加入因特网的每个用户通过申请都可以得到一个"电子信箱"

C. 在一台计算机上申请的"电子信箱",以后只有通过这台计算机上网才能收信

D. 一个人可以申请多个电子信箱

87. 信息作为一个社会概念,下列描述中不正确的是(　　)。

A. 信息就是客观事物本身

B. 信息是客观事物属性、现象及其他关系的反映

C. 信息是被接受者接受和理解的各种信号和知识

D. 日常生活中使用的信息泛指各种知识、消息、信号

88.曹操赤脚迎许攸的故事讲的是曹操与袁绍对峙于官渡,袁绍的谋士许攸在野外捉到了曹操的传令信使,得知曹操军粮告罄便进谏袁绍兵分两路进攻曹操。袁绍无谋不听许攸的计策,许攸便投降曹操。曹操喜得光脚奔出相迎,并从许攸得知袁绍派一个酒鬼守乌巢粮草基地,率精兵夜袭乌巢,大胜。从该故事可以得出的结论不正确的是(　　　)。

A."袁绍派一个酒鬼守乌巢粮草基地"对曹操来讲是信息

B."曹操军粮告罄"对袁绍来讲是信息

C.同一消息是否是信息,与接收者的态度、状态有关

D.正确使用信息是很重要的

89.下列关于数据的描述不正确的是(　　　)。

A.数据是观察、研究客观世界的过程中记录的符号

B.数据有数值数据和非数值数据

C.数据就是数字

D.数据指所有能输入计算机并被计算机程序处理的符号或信号的总称

90.下列关于信息与数据关系的描述不正确的是(　　　)。

A.数据是信息的表现形式和载体,信息是数据的解释

B.数据具有客观性,信息具有主观性

C.在大数据时代,所有数据都有重大意义

D.更多的时候信息是隐藏在数据之中的,需要分析和挖掘

91. RAM 的特点是(　　　)。

A.海量存储器

B.存储在其中的信息可以永久保存

C.一旦断电,存储在其上的信息将全部消失,且无法恢复

D.只用来存储中间数据

92.因特网中 IP 地址用四组十进制数表示,每组数字的取值范围是(　　　)。

A.0 ~ 128　　　　　　B.0 ~ 127　　　　　　C.0 ~ 256　　　　　　D.0 ~ 255

93. Internet 最初创建时的应用领域是(　　　)。

A. 军事　　　　　　　B. 经济　　　　　　　C. 外交　　　　　　　D. 教育

94.某 800 万像素的数码相机,拍摄照片的最高分辨率大约是(　　　)像素。

A.2 048 ×1 600　　　　　　　　　　B.3 200 ×2 400

C.1 024 ×768　　　　　　　　　　 D.1 600 ×1 200

95.微机硬件系统中最核心的部件是(　　　)。

A. 内存储器　　　　B. 输入输出设备　　　C. 硬盘　　　　　　　D. CPU

96.1KB 的准确数值是(　　　)。

A.1 000 Bytes　　　　B.1 024 Bytes　　　　C.1 000 bits　　　　D.1 024 bits

97. DVD-ROM 属于(　　　)。

A.大容量可读可写外存储器　　　　　B.大容量只读外部存储器

C.CPU 可直接存取的存储器　　　　　D.只读内存储器

98.移动硬盘或优盘连接计算机所使用的接口通常是(　　　)。

A.RS-232C 接口　　　　　　　　　 B.并行接口

C.UBS　　　　　　　　　　　　　　D.USB

99.下列设备组中,完全属于输入设备的一组是(　　　)。

A.CD-ROM 驱动器、键盘、显示器　　　 B.绘图仪、键盘、鼠标器

C.键盘、鼠标器、扫描仪　　　　　　　D.打印机硬盘、条码阅读器

100. 下列关于数据的描述正确的是(　　)。

A. 计算机领域把数据分为数值数据和非数值数据

B. 计算机中是用二进制0、1表示数据的,都是数值数据

C. 数值数据包括文本、图形、图像、音频、视频等

D. 计算机只能处理数值数据,不能处理非数值数据

101. 度量计算机运算速度常用的单位是(　　)。

A. MIPS　　　　　　B. MHz　　　　　　C. MB　　　　　　D. Mbit/s

102. 在微机的配置中常看到"P4 2.4G"字样,其中数字"2.4G"表示(　　)。

A. 处理器的时钟频率是2.4 GHz　　　　　　B. 处理器的运算速度是2.4 GIPS

C. 处理器是Pentium4第2.4代　　　　　　D. 处理器与内存间的数据交换速率是2.4 GB/s

103. 电子商务的本质是(　　)。

A. 计算机技术　　　　B. 电子技术　　　　C. 商务活动　　　　D. 网络技术

104. 以.jpg为扩展名的文件通常是(　　)。

A. 文本文件　　　　　　　　　　　B. 音频信号文件

C. 图像文件　　　　　　　　　　　D. 视频信号文件

105. 计算机病毒的危害表现为(　　)。

A. 能造成计算机芯片的永久性失效

B. 使磁盘霉变

C. 影响程序运行,破坏计算机系统的数据与程序

D. 切断计算机系统电源

106. 在外部设备中,扫描仪属于(　　)。

A. 输出设备　　　　B. 存储设备　　　　C. 输入设备　　　　D. 特殊设备

107. 标准ASCII码用7位二进制位表示一个字符的编码,其不同的编码共有(　　)。

A. 127个　　　　　　B. 128个　　　　　　C. 256个　　　　　　D. 254个

108. 下列数据与十进制数127相等的是(　　)

A. 八进制数177　　　　　　　　　B. 十六进制数7F

C. 二进制数1111111　　　　　　　D. 以上全是

109. 除硬盘容量大小外,下列也属于硬盘技术指标是(　　)。

A. 转速　　　　　　　　　　　　　B. 平均访问时间

C. 传输速率　　　　　　　　　　　D. 以上全部

110. 下列关于信息系统的叙述中错误的是(　　)。

A. 信息系统的功能是信息的输入、存储、处理、输出和控制

B. 信息系统包括信源、发送器、信道、接收器、信宿

C. 信息系统是由计算机硬件、网络和通信设备、计算机软件、信息资源、信息用户和规章制度组成的以处理信息流为目的的人机一体化系统

D. 信息系统是仅用于信息传输的系统

111. 计算机软件的确切含义是(　　)。

A. 计算机程序、数据与相应文档的总称

B. 系统软件与应用软件的总和

C. 操作系统、数据库管理软件与应用软件的总和

D. 各类应用软件的总称

112. 接入因特网的每台主机都有一个唯一可识别的地址,称为(　　)。

A. TCP地址　　　　　B. IP地址　　　　　C. TCP/IP地址　　　　　D. URL

113. 在标准 ASCII 码表中,已知英文字母 K 的十六进制码值是 4B,则二进制 ASCII 码 1001000 对应的字符是(　　)。

　　A. G　　　　　　　　B. H　　　　　　　　C. I　　　　　　　　D. J

114. 一个完整的计算机系统的组成部分的确切说法应该是(　　)。

　　A. 计算机主机、键盘、显示器和软件　　　　B. 计算机硬件和应用软件

　　C. 计算机硬件和系统软件　　　　　　　　D. 计算机硬件和软件

115. 运算器的完整功能是进行(　　)。

　　A. 逻辑运算　　　　　　　　　　　　　B. 算术运算和逻辑运算

　　C. 算术运算　　　　　　　　　　　　　D. 逻辑运算和微积分运算

116. 下列各存储器中,存取速度最快的一种是(　　)。

　　A. U 盘　　　　　　　B. 内存储器　　　　　　C. 光盘　　　　　　　D. 固定硬盘

117. 操作系统对磁盘进行读/写操作的物理单位是(　　)。

　　A. 扇区　　　　　　　B. 文件　　　　　　　C. 磁道　　　　　　　D. 字节

118. 下列关于计算机病毒的叙述中,错误的是(　　)。

　　A. 计算机病毒具有潜伏性

　　B. 计算机病毒具有传染性

　　C. 感染过计算机病毒的计算机具有对该病毒的免疫性

　　D. 计算机病毒是一个特殊的寄生程序

119. 算法的有穷性是指(　　)。

　　A. 算法程序的运行时间是有限的　　　　　B. 算法程序所处理的数据量是有限的

　　C. 算法程序的长度是有限的　　　　　　　D. 算法只能被有限的用户使用

120. 显示器的参数之一:1 024 ×768,它表示(　　)。

　　A. 显示器分辨率　　　　　　　　　　　B. 显示器颜色指标

　　C. 显示器屏幕大小　　　　　　　　　　D. 显示每个字符的列数和行数

121. 一个字长为 8 位的无符号二进制整数能表示的十进制数值范围是(　　)。

　　A. 0 ~256　　　　　　B. 0 ~255　　　　　　C. 1 ~256　　　　　　D. 1 ~255

122. 域名 mh. bit. edu. cn 中主机名是(　　)。

　　A. mh　　　　　　　B. edu　　　　　　　C. cn　　　　　　　D. bit

123. 摄像头属于(　　)。

　　A. 控制设备　　　　　B. 存储设备　　　　　C. 输出设备　　　　　D. 输入设备

124. 在微机中,西文字符所采用的编码是(　　)。

　　A. EBCDIC 码　　　　B. ASCII 码　　　　　C. BCD 码　　　　　D. 国标码

125. 显示器的分辨率为 1 024 ×768 像素,若能同时显示 256 种颜色,则显示存储器的容量至少为(　　)。

　　A. 384 KB　　　　　　B. 192 KB　　　　　　C. 1 536 KB　　　　　D. 768 KB

126. 微机内存按(　　)编址。

　　A. 二进制位　　　　　　　　　　　　　B. 十进制位

　　C. 字长　　　　　　　　　　　　　　　D. 字节

127. 液晶显示器(LCD)的主要技术指标不包括(　　)。

　　A. 显示速度　　　　　B. 显示分辨率　　　　C. 存储容量　　　　　D. 亮度和对比度

128. 下列叙述中,错误的是(　　)。

　　A. 把数据从内存传输到硬盘的操作称为写盘

　　B. Windows 属于应用软件

　　C. 把高级语言编写的程序转换为机器语言的目标程序的过程叫编译

D. 计算机内部对数据的传输、存储和处理都使用二进制

129. 下列关于信息论与信息科学的描述,错误的是(　　　)。

A. 信息论是关于信息的理论,是研究信息的度量、传递和变换规律的一门科学

B. 信息科学是信息论与其他学科交叉的综合性学科

C. 信息论与信息科学是一回事

D. 信息论和信息科学都是研究信息的学科

130. 十进制整数 127 转换为二进制整数等于(　　　)。

A. 1010000　　　　　B. 0001000　　　　　C. 1111111　　　　　D. 1011000

131. 下列关于信息技术的相关描述,错误的是(　　　)。

A. 计算机技术是信息技术的核心技术,包括计算机系统技术、计算机器件技术、计算机部件技术、计算机组装技术、计算机软件技术等

B. 新一代移动通信技术 5G 的特征是高速率、低延时、低功率和海量连接

C. 多媒体技术是指通过计算机对文字、数据、图形、图像、动画、声音等多种媒体信息进行综合处理的技术

D. 遥感技术就是传感器技术,都是获取信息的技术

132. 用 8 位二进制数能表示的最大的无符号整数等于十进制整数(　　　)。

A. 255　　　　　B. 256　　　　　C. 128　　　　　D. 127

133. 计算机内存中用于存储信息的部件是(　　　)。

A. 只读存储器　　　　　B. U 盘　　　　　C. RAM　　　　　D. 硬盘

134. 为了防止信息被别人窃取,可以设置开机密码,下列密码设置最安全的是(　　　)。

A. nd@ YZ@ gl　　　　　　　　　　B. 12345678

C. Yingzhong　　　　　　　　　　D. NDYZ

135. 电子计算机最早的应用领域是(　　　)。

A. 科学计算　　　　　B. 数据处理　　　　　C. 文字处理　　　　　D. 工业控制

136. 在标准 ASCII 码表中,已知英文字母 D 的 ASCII 码是 68,英文字母 A 的 ASCII 码是(　　　)。

A. 97　　　　　B. 96　　　　　C. 65　　　　　D. 64

137. 图灵被称为计算机科学之父,是因为(　　　)。

A. 他提出了判定机器是否具有智能的试验方法——图灵试验

B. 他提出了著名的图灵机模型

C. 他协助军方破解了德国的著名密码系统

D. 他设计建造了第一台数字电子计算机

138. 下面关于 U 盘的描述中,错误的是(　　　)。

A. U 盘有基本型、增强型和加密型三种　　　B. U 盘的特点是重量轻、体积小

C. U 盘多固定在机箱内,不便携带　　　　　D. 断电后,U 盘还能保持存储的数据不丢失

139. "铁路联网售票系统"按计算机应用的分类,它属于(　　　)。

A. 辅助设计　　　　　B. 科学计算　　　　　C. 信息处理　　　　　D. 实时控制

140. 下列设备组中,完全属于外部设备的一组是(　　　)。

A. CD-ROM 驱动器、CPU、键盘、显示器

B. 激光打印机、键盘、CD-ROM 驱动器、鼠标器

C. 内存储器、CD-ROM 驱动器、扫描仪、显示器

D. 打印机、CPU、内存储器、硬盘

141. 关于第一台数字电子计算机说法不正确的是(　　　)

A. 巴贝奇差分机是第一台电子计算机　　　B. ABC 是第一台数字电子计算机

C. ENIAC 是第一台通用数字电子计算机　　D. EDVAC 是第一台存储程序数字电子计算机

142.计算机之所以能按人们的意图自动进行工作,最直接的原因是采用了(　　　)。

A.高速电子元件　　　　B.二进制　　　　　C.程序设计语言　　　　D.存储程序控制

143.对一个图形来说,通常用位图格式文件存储比用矢量格式文件存储所占用的空间(　　　)。

A.更小　　　　　　　　B.更大　　　　　　C.相同　　　　　　　　D.无法确定

144.下列关于计算机病毒的描述,正确的是(　　　)。

A.正版软件不会受到计算机病毒的攻击

B.光盘上的软件不可能携带计算机病毒

C.计算机病毒是一种特殊的计算机程序,因此数据文件中不可能携带病毒

D.任何计算机病毒一定会有清除的办法

145.目前的许多消费电子产品(数码相机、数字电视机等)中都使用了不同功能的微处理器来完成特定的处理任务,计算机的这种应用属于(　　　)。

A.科学计算　　　　　　B.实时控制　　　　C.嵌入式系统　　　　　D.辅助设计

146.下列计算机中整数的表示法中,可以直接进行加减运算的是(　　　)。

A.偏移码　　　　　　　B.补码　　　　　　C.反码　　　　　　　　D.原码

147.裸机指的是(　　　)。

A.没有应用软件的计算机系统　　　　　　　B.没有软件系统的计算机

C.缺少外部设备的计算机　　　　　　　　　D.放在露天的计算机

148.下列存储器中,访问速度最快的是(　　　)。

A.内存储器　　　　　B.USB　　　　　　C.磁盘　　　　　　　　D.磁带

149.如果作业的逻辑地址空间大于计算机实际的内存空间,则应采用的存储管理技术是(　　　)。

A.分区存储管理　　　　　　　　　　　　　B.请求分页式存储管理

C.段页式存储管理　　　　　　　　　　　　D.分段式存储管理

150.主存储器和CPU之间增加高速缓冲存储器的目的是(　　　)。

A.扩大主存储器的容量

B.扩大CPU中通用寄存器的数量

C.解决CPU和主存之间的速度匹配问题

D.既扩大主存容量又扩大CPU通用寄存器数量

151.计算机指令主要存放在(　　　)。

A.CPU　　　　　　　　B.内存　　　　　　C.键盘　　　　　　　　D.硬盘

152.在微机的硬件设备中,有一种设备在程序设计中既可以当成输出设备,又可以当成输入设备,这种设备是(　　　)。

A.绘图仪　　　　　　　B.扫描仪　　　　　C.手写笔　　　　　　　D.磁盘驱动器

153.允许在一台主机上同时连接多台终端,且多个用户可以通过各自的终端同时交互地使用计算系统是(　　　)。

A.分时操作系统　　　　　　　　　　　　　B.网络操作系统

C.实时操作系统　　　　　　　　　　　　　D.分布式操作系统

154.ROM中的信息是(　　　)。

A.由生产厂家预先写入的

B.在安装系统时写入的

C.根据用户需求不同,由用户随时写入的

D.由程序临时存入的

155.“32位微型计算机”中的32,是指下列技术指标中的(　　　)。

A.CPU功耗　　　　　　B.CPU字长　　　　C.CPU主频　　　　　　D.CPU型号

156. 计算机网络的目标是实现（　　　）。

A. 数据处理 　　　　　　　　　　B. 文献检索

C. 资源共享和信息传输 　　　　　D. 信息传输

157. 显示器的主要技术指标之一是（　　　）。

A. 亮度 　　　　B. 分辨率 　　　　C. 对比度 　　　　D. 彩色

158. 计算机操作系统的主要功能是（　　　）。

A. 管理计算机系统的软硬件资源，以充分发挥计算机资源的效率，并为其他软件提供良好的运行环境

B. 把高级程序设计语言和汇编语言编写的程序翻译为计算机硬件可以直接执行的目标程序，为用户提供良好的软件开发环境

C. 对各类计算机文件进行有效的管理，并提交计算机硬件高效处理

D. 为用户提供方便地操作和使用计算机

159. 用来控制、指挥和协调计算机各部件工作的是（　　　）。

A. 鼠标器 　　　　B. 运算器 　　　　C. 存储器 　　　　D. 控制器

160. 在微型计算机中，I/O 设备是指（　　　）。

A. 输入输出设备 　　　　　　　　B. 控制设备

C. 输出设备 　　　　　　　　　　D. 输入设备

161. ROM 是指（　　　）。

A. 只读存储器 　　　B. 随机存储器 　　　C. 辅助存储器 　　　D. 外存储器

162. 目前使用的硬磁盘，在其读/写寻址过程中（　　　）。

A. 盘片静止，磁头沿圆周方向旋转 　　　　B. 盘片旋转，磁头静止

C. 盘片旋转，磁头沿盘片径向运动 　　　　D. 盘片与磁头都静止不动

163. 计算机感染病毒的可能途径之一是（　　　）。

A. 从键盘上输入数据

B. 随意运行外来的、未经杀病毒软件严格审查的 U 盘上的软件

C. 所使用的光盘表面不清洁

D. 电源不稳定

164. 多道程序设计技术是指（　　　）。

A. 将多个程序用多个 CPU 同时运行

B. 允许多个程序同时进入内存并运行

C. 将一个程序分成多个小程序用多个 CPU 运行

D. 将一个程序分成多个小程序用一个 CPU 分别运行

165. 操作系统管理进程所使用的数据结构是（　　　）。

A. 进程控制块 PCB 　　　　　　　B. 文件控制块 FCB

C. 设备控制块 DCB 　　　　　　　D. 目录控制块

166. 操作系统提供了进程管理、设备管理、文件管理和（　　　）。

A. 存储器管理 　　　　　　　　　B. 通信管理

C. 用户管理 　　　　　　　　　　D. 数据管理

167. 文件系统中用于管理文件的是（　　　）。

A. 目录 　　　　B. 指针 　　　　C. 页表 　　　　D. 堆栈结构

168. "计算机集成制造系统"英文简称是（　　　）。

A. CAD 　　　　B. CAM 　　　　C. CIMS 　　　　D. ERP

169. 目前有许多不同的音频文件格式，以下不属于数字音频的文件格式的是（　　　）。

A. WAV 　　　　B. GIF 　　　　C. MP3 　　　　D. MID

170. CPU 的中文名称是(　　　)。

A. 控制器　　　　　　B. 不间断电源　　　　C. 算术逻辑部件　　　D. 中央处理器

171. 一个字符的标准 ASCII 码码长是(　　　)。

A. 7 bit　　　　　　B. 8 bit　　　　　　C. 6 bit　　　　　　D. 16 bit

172. 在下列叙述中,正确的是(　　　)。

A. 内存中存放的只有程序代码

B. 内存中存放的只有数据

C. 内存中存放的既有程序代码又有数据

D. 外存中存放的是当前正在执行的程序代码和所需的数据

173. 下列关于指令系统的描述,正确的是(　　　)。

A. 指令由操作码和控制码两部分组成

B. 指令的地址码部分可能是操作数,也可能是操作数的内存单元地址

C. 指令的地址码部分是不可缺少的

D. 指令的操作码部分描述了完成指令所需要的操作数类型

174. 下列关于硬磁盘的叙述,错误的是(　　　)。

A. 硬磁盘可以与 CPU 之间直接交换数据

B. 硬磁盘在主机箱内,可以存放大量文件

C. 硬磁盘是外存储器之一

D. 硬磁盘的技术指标之一是每分钟的转数

175. 电子计算机最早的应用领域是(　　　)。

A. 数据处理　　　　　B. 数值计算　　　　　C. 工业控制　　　　　D. 文字处理

176. 算法的时间复杂度是指(　　　)。

A. 算法程序的长度

B. 执行算法程序所需要的时间

C. 算法执行过程中所需要的基本运算次数

D. 算法执行过程中所需要的所有运算次数

E. 算法程序中的指令条数

177. 算法的空间复杂度是指(　　　)。

A. 算法程序的长度　　　　　　　　　B. 算法程序中的指令条数

C. 算法程序所占的存储空间　　　　　D. 算法执行过程中所需要的存储空间

E. 算法所处理的数据量

178. 下列叙述中正确的是(　　　)。

A. 线性表是线性结构　　　　　　　　B. 栈与队列是非线性结构

C. 循环链表是非线性结构　　　　　　D. 二叉树是线性结构

179. 数据的存储结构是指(　　　)。

A. 数据所占的存储空间　　　　　　　B. 数据的逻辑结构在计算机中的表示

C. 数据在计算机中的顺序存储方式　　D. 存储在外存中的数据

180. 下列关于队列的叙述中正确的是(　　　)。

A. 在队列中只能插入数据　　　　　　B. 在队列中只能删除数据

C. 队列是先进先出的线性表　　　　　D. 队列是先进后出的线性表

181. 关于因特网防火墙,下列叙述中错误的是(　　　)。

A. 为单位内部网络提供了安全边界

B. 防止外界入侵单位内部网络

C. 可以阻止来自内部的威胁与攻击

D. 可以使用过滤技术在网络层对数据进行选择

182. 当电源关闭后，下列关于存储器的说法，正确的是（　　　）。

A. 存储在 RAM 中的数据不会丢失　　　　B. 存储在 ROM 中的数据不会丢失

C. 存储在软盘中的数据会全部丢失　　　　D. 存储在硬盘中的数据会丢失

183. 若网络的各个节点通过中继器连接成一个闭合环路，则称这种拓扑结构称为（　　　）。

A. 总线型拓扑　　　B. 星状拓扑　　　C. 树状拓扑　　　D. 环状拓扑

184. 下列用户 XUEJY 的电子邮件地址中，正确的是（　　　）。

A. XUEJ@ bj163.com　　　　　　　　B. XUEJYbj163.com

C. XUEJY#bj163.com　　　　　　　　D. XUEJY@ bj163.com

185. 十进制数 60 转换成二进制数是（　　　）。

A. 0111010　　　B. 0111110　　　C. 0111100　　　D. 0111101

186. 计算机的硬件主要包括：中央处理器（CPU）、存储器、输出设备和（　　　）。

A. 键盘　　　B. 鼠标　　　C. 输入设备　　　D. 显示器

187. 下列叙述中，正确的是（　　　）。

A. 所有计算机病毒只在可执行文件中传染

B. 计算机病毒可通过读写移动存储器或 Internet 网络进行传播

C. 只要把带病毒 U 盘设置成只读状态，那么此盘上的病毒就不会因读盘而传染给另一台计算机

D. 计算机病毒是由于光盘表面不清洁而造成的

188. 下列关于栈的叙述中正确的是（　　　）。

A. 在栈中只能插入数据　　　　　　B. 在栈中只能删除数据

C. 栈是先进先出的线性表　　　　　D. 栈是先进后出的线性表

E. 栈是一种非线性结构

189. 以下有关光纤通信的说法中错误的是（　　　）。

A. 光纤通信是利用光导纤维传导光信号来进行通信的

B. 光纤通信具有通信容量大、保密性强和传输距离长等优点

C. 光纤线路的损耗大，所以每隔 1～2 km 距离就需要中继器

D. 光纤通信常用波分多路复用技术提高通信容量

190. 在下列字符中，其 ASCII 码值最小的一个是（　　　）。

A. 空格字符　　　B. O　　　C. A　　　D. a

191. 下列关于域名的说法正确的是（　　　）。

A. 域名就是 IP 地址

B. 域名的使用对象仅限于服务器

C. 域名完全由用户自行定义

D. 域名系统按地理域或机构域分层，采用层次结构

192. 通常打印质量最好的打印机是（　　　）。

A. 点阵打印机　　　　　　　　　　B. 针式打印机

C. 激光打印机　　　　　　　　　　D. 喷墨打印机

193. 在深度为 5 的满二叉树中，叶子结点的个数为（　　　）。

A. 32　　　B. 31　　　C. 16　　　D. 15

194. 结构化程序设计主要强调的是（　　　）。

A. 程序的易读性　　　　　　　　　B. 程序的规模

C. 程序的可移植性　　　　　　　　D. 程序的执行效率

195. 对建立良好的程序设计风格,下面描述正确的是(　　)。

A. 符号名的命名只要符合语法　　　　　B. 程序应简单、清晰、可读性好

C. 程序的注释可有可无　　　　　　　　D. 充分考虑程序的执行效率

196. 下列关于磁道的说法中,正确的是(　　)。

A. 盘面上的磁道是一组同心圆

B. 由于每一磁道的周长不同,所以每一磁道的存储容量也不同

C. 盘面上的磁道是一条阿基米德螺线

D. 磁道的编号是最内圈为 0,并依次由内向外逐渐增大,最外圈的编号最大

197. CPU 主要技术性能指标有(　　)。

A. 字长、运算速度和时钟主频　　　　　B. 可靠性和精度

C. 耗电量和效率　　　　　　　　　　　D. 冷却效率

198. UPS 的中文译名是(　　)。

A. 不间断电源　　　　　　　　　　　　B. 稳压电源

C. 调压电源　　　　　　　　　　　　　D. 高能电源

199. 将目标程序(.OBJ)转换成可执行文件(.EXE)的程序称为(　　)。

A. 编译程序　　　　　　　　　　　　　B. 编辑程序

C. 汇编程序　　　　　　　　　　　　　D. 链接程序

200. 下列各项中两个软件均属于系统软件的是(　　)。

A. WPS 和 UNIX　　　　　　　　　　　B. MIS 和 UNIX

C. MIS 和 WPS　　　　　　　　　　　　D. DOS 和 UNIX

201. 将汇编源程序翻译成目标程序(.OBJ)的程序称为(　　)。

A. 编辑程序　　　　B. 编译程序　　　　C. 汇编程序　　　　D. 链接程序

202. 下列说法错误的是(　　)。

A. 汇编语言是一种依赖于计算机的低级程序设计语言

B. 计算机可以直接执行机器语言程序

C. 高级语言通常都具有执行效率高的特点

D. 为提高开发效率,开发软件时应尽量采用高级语言

203. 下列选项中,完整描述计算机操作系统作用的是(　　)。

A. 它是用户与计算机的界面

B. 它对用户存储的文件进行管理,方便用户

C. 它执行用户输入的各类命令

D. 它管理计算机系统的全部软、硬件资源,合理组织计算机的工作流程,以充分发挥计算机资源的效率,为用户提供使用计算机的友好界面

204. 影响一台计算机性能的关键部件是(　　)。

A. CD-ROM　　　　B. 硬盘　　　　　　C. CPU　　　　　　D. 显示器

205. 在面向对象方法中,一个对象请求另一对象为其服务的方式是通过发送(　　)。

A. 调用语句　　　　B. 命令　　　　　　C. 口令　　　　　　D. 消息

206. 下述概念与信息隐蔽的概念直接相关的是(　　)。

A. 模块耦合度　　　　　　　　　　　　B. 软件结构定义

C. 模块类型划分　　　　　　　　　　　D. 模块独立性

207. 下面对对象概念描述错误的是(　　)。

A. 对象是属性和方法的封装体　　　　　B. 任何对象都必须有继承性

C. 操作是对象的动态属性　　　　　　　D. 对象间的通信靠消息传递

208. 将十进制整数设为整数类 I,则下面属于类 I 的实例的是(　　　　)。

A. 518E-2　　　　　　B. 0x1f　　　　　　C. -51　　　　　　D. 0.51

209. 下列叙述中,错误的是(　　　　)。

A. 硬盘在主机箱内,它是主机的组成部分

B. 硬盘是外部存储器之一

C. 硬盘的技术指标之一是每分钟的转速 rpm

D. 硬盘与 CPU 之间不能直接交换数据

210. 高级程序设计语言的特点是(　　　　)。

A. 高级语言数据结构丰富　　　　　　　　　B. 高级语言与具体的机器结构密切相关

C. 高级语言接近算法语言不易掌握　　　　　D. 用高级语言编写的程序计算机可立即执行

211. 以下关于编译程序的说法正确的是(　　　　)。

A. 编译程序属于计算机应用软件,所有用户都需要编译程序

B. 编译程序不会生成目标程序,而是直接执行源程序

C. 编译程序完成高级语言程序到低级语言程序的等价翻译

D. 编译程序构造比较复杂,一般不进行出错处理

212. 下列各项中,正确的电子邮箱地址是(　　　　)。

A. TT202#yahoo.com　　　　　　　　　　　B. L202@ sina.com

C. A112.256.23.8　　　　　　　　　　　　　D. K201yahoo.com.cn

213. 现代微型计算机中所采用的电子器件是(　　　　)。

A. 电子管　　　　　　　　　　　　　　　　B. 晶体管

C. 小规模集成电路　　　　　　　　　　　　D. 大规模和超大规模集成电路

214. 下列叙述中,正确的是(　　　　)。

A. 一个字符的标准 ASCII 码占一个字节的存储量,其最高位二进制总为 0

B. 大写英文字母的 ASCII 码值大于小写英文字母的 ASCII 码值

C. 同一个英文字母(如 A)的 ASCII 码和它在汉字系统下的全角内码是相同的

D. 一个字符的 ASCII 码与它的内码是不同的

215. 组成计算机硬件系统的基本部分是(　　　　)。

A. CPU、键盘和显示器　　　　　　　　　　B. 主机和输入/输出设备

C. CPU 和输入/输出设备　　　　　　　　　D. CPU、硬盘、键盘和显示器

216. 在计算机指令中,规定其所执行操作功能的部分称为(　　　　)。

A. 源操作数　　　　　B. 地址码　　　　　C. 操作码　　　　　D. 操作数

217. 下列叙述中,正确的是(　　　　)。

A. 计算机病毒只在可执行文件中传染

B. 计算机病毒主要通过读/写移动存储器或 Internet 网络进行传播

C. 删除所有感染了病毒的文件就可以彻底清除病毒

D. 计算机杀毒软件可以查出和清除任意已知的和未知的计算机病毒

218. 数据库系统的核心是(　　　　)。

A. 数据库　　　　　　　　　　　　　　　　B. 数据库管理系统

C. 数据库管理员　　　　　　　　　　　　　D. 数据模型

219. 在关系数据库中,用户所见的数据模式是数据库的(　　　　)。

A. 概念模式　　　　　B. 外模式　　　　　C. 内模式　　　　　D. 物理模式

220. 下面属于数据库逻辑模型的是(　　　　)。

A. 关系模型　　　　　B. 谓词模型　　　　　C. 实体-联系模型　　　　　D. 物理模型

221.数据库系统中完成查询操作使用的语言是（　　）。

A.数据控制语言 　　　　　　　　　B.数据定义语言

C.数据操纵语言 　　　　　　　　　D.数据巡查语言

222.在软件生命周期中,能准确地确定软件系统必须做什么和必须具备哪些功能的阶段是（　　）。

A.需求分析 　　　　　　　　　B.可行性分析

C.详细设计 　　　　　　　　　D.概要设计

223.下面不属于软件工程的三个要素的是（　　）。

A.环境 　　　　B.方法 　　　　C.过程 　　　　D.工具

224.检查软件产品是否符合需求定义的过程称为（　　）。

A.验收测试 　　　　　　　　　B.验证测试

C.集成测试 　　　　　　　　　D.确认测试

225.数据流图用于抽象描述一个软件的逻辑模型,数据流图由一些特定的图符构成。下列以图符名标识的图不属于数据流图合法图符的是（　　）。

A.源和潭 　　　　B.数据存储 　　　　C.加工 　　　　D.控制流

226.下面不属于软件设计原则的是（　　）。

A.信息隐蔽 　　　　　　　　　B.自底向上

C.模块化 　　　　　　　　　D.抽象

227.程序流程图（PFD）中的箭头代表的是（　　）。

A.组成关系 　　　　B.调用关系 　　　　C.控制流 　　　　D.数据流

228.下列工具中为需求分析常用工具的是（　　）。

A.DFD 　　　　B.N-S 　　　　C.PFD 　　　　D.PAD

229.在结构化方法中,软件功能分解属于下列软件开发中的阶段是（　　）。

A.编程调试 　　　　　　　　　B.总体设计

C.需求分析 　　　　　　　　　D.详细设计

230.软件调试的目的是（　　）。

A.挖掘软件的潜能 　　　　　　　　　B.改善软件的性能

C.改正错误 　　　　　　　　　D.发现错误

231.软件需求分析阶段的工作,可以分为四个方面:需求获取、需求分析、编写需求规格说明书以及（　　）。

A.报价单 　　　　B.总结 　　　　C.需求评审 　　　　D.阶段性报告

232.下面属于系统软件的是（　　）。

A.户籍管理系统 　　　　　　　　　B.数据库管理系统

C.演示软件 　　　　　　　　　D.杀毒软件

233.下面对软件生命周期的描述中正确的是（　　）。

A.软件产品从提出、实现、使用维护到停止使用退役的过程

B.软件的设计与实现阶段

C.软件的开发与管理

D.软件的实现和维护

二、参考答案

1~10题　BCACC　CBCBB

11~20题　BBABD　ACDAC

21~30题　DBDCD　DCACC

31~40题　ADCCD　BDBBC

41～50 题　CABAB　DBDCB

51～60 题　DCCAD　CCCCB

61～70 题　BCDCD　CBDAC

71～80 题　DBCBB　BDADC

81～90 题　ABCCB　CABCC

91～100 题　CDABD　BBDCA

101～110 题　AACCC　CBDDD

111～120 题　ABBDB　DACAA

121～130 题　BADBD　DCBCC

131～140 题　DACAA　CBCCB

141～150 题　ADBDC　BBABC

151～160 题　BDAAB　CBADA

161～170 题　ACBBA　AACBD

171～180 题　ACBAB　CDABC

181～190 题　CBDDC　CBDCA

191～200 题　DCCAB　AAADD

201～210 题　CCDCD　DBCAA

211～220 题　CBDDB　CBABA

221～230 题　CABDD　BABCC

231～233 题　CBA

参 考 文 献

[1]李凤霞,陈宇峰,史树敏.大学计算机[M].北京:高等教育出版社,2014.

[2]龚沛曾,杨志强.大学计算机[M].6版.北京:高等教育出版社,2013.

[3]董卫军,邢为民,索琦.大学计算机[M].北京:电子工业出版社,2014.

[4]姜可扉,杨俊生,谭志芳.大学计算机[M].北京:电子工业出版社,2014.

[5]甘勇,尚展垒,张建伟,等.大学计算机基础[M].2版.北京:人民邮电出版社,2012.

[6]甘勇,尚展垒,梁树军,等.大学计算机基础实践教程[M].2版.北京:人民邮电出版社,2012.

[7]段跃兴,王幸民.大学计算机基础[M].北京:人民邮电出版社,2011.

[8]段跃兴,王幸民.大学计算机基础进阶与实践[M].北京:人民邮电出版社,2011.